U0382344

图书在版编目（CIP）数据

日月星辰在等你：我的第一本航天科普书 / 李景强，
李墨著、绘. -- 北京：人民邮电出版社, 2025.4
ISBN 978-7-115-63169-5

I. ①日... II. ①李... ②李... III. ①航天—少儿读
物 IV. ①V4-49

中国国家版本馆 CIP 数据核字(2023)第 225031 号

内 容 提 要

本书是一本航天方面的科普读物，内容涵盖了运载火箭、空间站、人造卫星、深空探测器这四大板块。运载火箭板块主要包括火箭升空的原理、火箭构造、火箭"掉渣"的原因、爆炸螺栓、中国及其他国家的火箭、火箭发射流程等知识；空间站板块主要包括空间站的交会对接、为什么建造空间站、舱内科学实验柜、太空养殖、航天服、空间机械臂、太空生活等知识；人造卫星板块主要包括宇宙速度、轨道、通信卫星、气象卫星、导航卫星等知识；深空探测器板块主要包括深空探测器发射窗口、引力弹弓、探索月球、探索火星、探索土星、探索木星等知识。书中最后还给出了世界航天历史发展的时间线及大事记等内容。

本书旨在激发读者对航天科学的兴趣，通过了解多方面的航天知识，增长见识，并种下未来航天梦的种子。本书适合对航天感兴趣的6~12岁读者阅读。

◆ 著 / 绘　　李景强　李　墨
　　责任编辑　　王朝辉
　　责任印制　　陈　犇

◆ 人民邮电出版社出版发行　　北京市丰台区成寿寺路 11 号
　　邮编　100164　电子邮件　315@ptpress.com.cn
　　网址　https://www.ptpress.com.cn
　　鑫艺佳利（天津）印刷有限公司印刷

◆ 开本：787×1092　1/16
　　印张：8.5　　　　　　　　　　2025 年 4 月第 1 版
　　字数：164 千字　　　　　　　2025 年 4 月天津第 1 次印刷

定价：78.00 元

读者服务热线：(010)81055410　印装质量热线：(010)81055316
反盗版热线：(010)81055315

日月星辰在等你

我的第一本航天科普书

李景强 李墨 著/绘

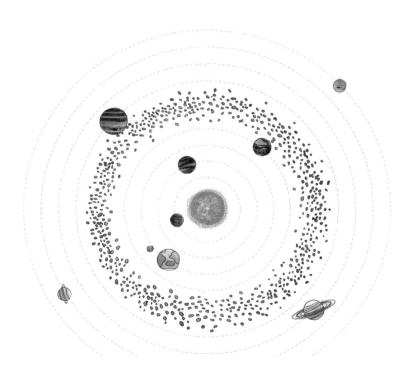

人民邮电出版社

北 京

推荐序

拔地而起的火箭怎样将飞船送入太空？航天员在微重力的环境中怎样生活？空间站里能否种菜养鱼？深空探测器又能在其他行星表面发现什么？随着 20 世纪以来人们的不断探索，这些问题的答案也从过去的无数种可能性和畅想变为了我们今天触手可及的现实。

中国的航天事业起步于 1956 年，其中载人航天工程在过去的 30 多年间取得了尤为辉煌的成就。在中国航天人不懈的技术攻关和紧密的团队协作下，我们已经能够借助探测器望向太阳系的边缘，我们的航天员已经能够在空间站长期驻留。牛顿曾说："如果说我能看得更远一点，那是因为我站在巨人的肩膀上。"时至 21 世纪，在我们的小读者了解太空、探索宇宙的时候，已是站在神舟飞船、空间站和航天员的肩膀上了。

对于较为复杂的航天系统，图画往往是解读其中构造和原理的直观方式。在李景强、李墨二位作者精心绘著的这本书中，读者可以身临其境地了解各种航天器及其工作方式，满足对火箭、空间站、卫星和深空探测器的一切好奇心，从许多巧妙的设计中领略航天工程师的智慧，体会人类排除万难走向太空的决心。

有志始知蓬莱近，无为总觉咫尺远。小读者们，遨游在日月星辰之间的梦想并不遥远，日月星辰也在等着你，人类的太空旅程，期待由你迈出下一步！

国际宇航科学院院士

中国科学院空间应用工程与技术中心原主任

中国载人航天空间应用系统原总指挥

高铭

前言

　　儿时的我，经常仰望星空，一颗一颗地数星星，那时我就对神秘的星空产生了无限的遐想：星星到底有多少颗？这个世界上还会有另一个地球、另一个我吗？外星人是什么样子的？

　　上小学之后，我"疯狂"地迷上了航空、航天，每一期的《航空知识》杂志我必买，甚至往期的杂志也要购买，杂志社主编甚至给我的母亲写信，让她劝说我不要太沉迷航空、航天而影响学习。上初中后，杂志的知识深度已经无法满足我的需求，我就开始想办法购买北京航空航天大学的教科书，研究飞机空气动力学、航天发动机等相关知识。

　　可最终我并没有走上航空、航天技术的研发道路，而是学习了艺术与设计，但我热爱航空、航天的初心没有改变，我想将这份初心画出来，形成科普图画书，成就儿时的梦想。

　　近年来，我国航天事业高速发展，取得了"天宫上天""嫦娥探月""天问探火""羲和探日""悟空找寻暗物质"等航天成就，长征系列火箭也像过年的烟花一样，一个接着一个发射升空，这样的场景在以前是不可想象的。在航天新闻经常出现、航天事业发展得到了很大关注的今天，由航天带来的民族自豪感也越来越强烈。我希望本书能把民族自豪感传递给祖国的下一代，给孩子们种下勤学乐思的种子，为我国的科普事业贡献一份力量。

李景强

目录

深蓝色的夜空中点缀着繁星，忽明忽暗。一轮圆月蒙上了薄纱，淡淡的月光朦胧了整个世界，夜晚如此安静。

偶尔一束光坠入大地，那是流星，抓紧时间许个愿吧。偶尔一束光飞向天空，那便是运载火箭，它装载着人造卫星、装载着飞船、装载着人类的梦想，冲出大气层，奔向遥远的星辰大海。

运载火箭

在太空中，有各种各样的人造卫星、飞船。它们有的质量很小，才几千克；有的质量很大，可达几百吨。它们之所以能进入太空飞行，靠的就是运载火箭（后文简称火箭）。

火箭是一种自身带有燃料（也叫燃烧剂）和助燃氧化剂（二者合称推进剂）的飞行器，通过发动机燃烧燃料后喷射气体产生的反作用力向前推进。火箭可在大气层内飞行，也可在大气层外的太空中飞行。

在中国南宋时期，人们就已经发明了与现代火箭原理类似的"火箭"，它由箭身和药筒组成，结构非常简单。经过几百年的发展，现在的火箭已经可以把质量达 100 多吨的载荷送入近地轨道，把人类送上月球，让深空探测器飞行到太阳系的边缘。

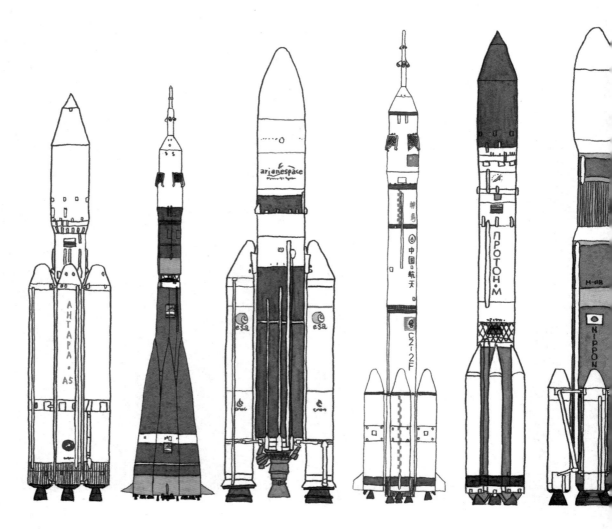

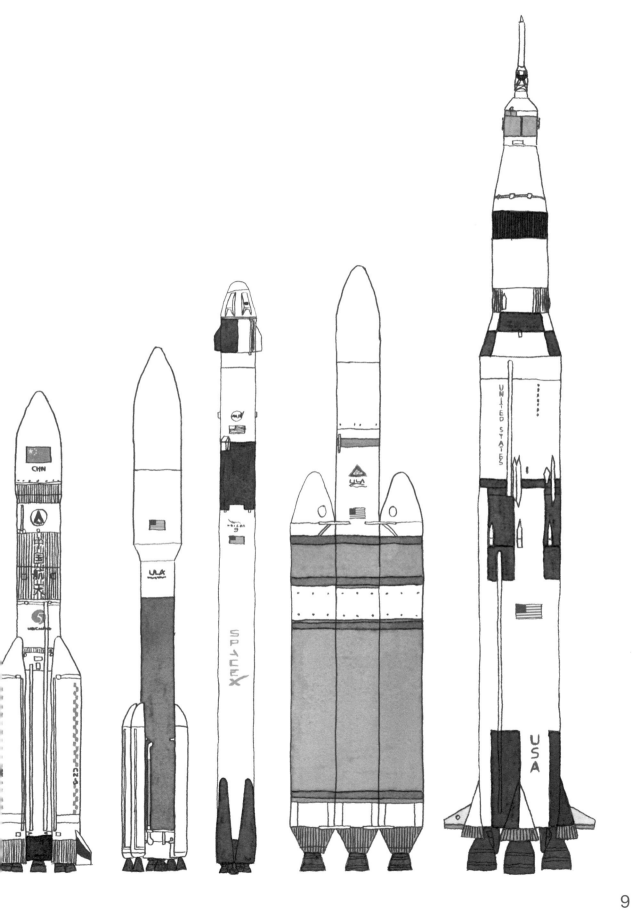

构造

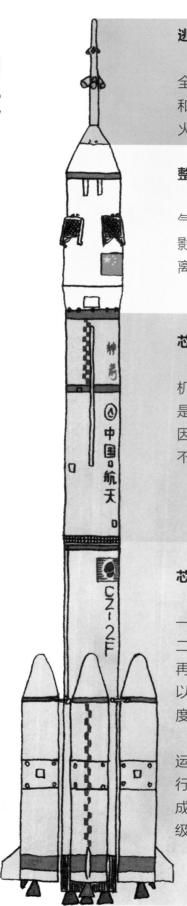

逃逸塔（载人火箭）

逃逸塔是在火箭发射阶段专门用来保障航天员安全的设备，它能在火箭出现故障后3秒内将返回舱和轨道舱拉离火箭，帮助航天员逃生。逃逸塔是载人火箭独有的装置。

整流罩

整流罩用于保护飞船等有效载荷，以防止其受空气动力（简称气动）、气动加热及声震等不利因素的影响。当火箭冲出大气层后，整流罩完成其使命，分离为两半并被抛掉。

芯二级

火箭的每一芯级都是独立的，它们有自己的发动机、推进剂、控制系统等。目前我国火箭的芯级最多是四级。芯级越多火箭就越复杂，可靠性也就越低，因此全世界火箭的发展趋势是大推力、少芯级，这样不仅能保证火箭的稳定性，还能提高发射效率。

芯一级和助推器

点火后芯一级和助推器首先工作，推动火箭达到一定速度后它们就会被抛掉，接着在此速度的基础上芯二级被启动，火箭进一步加速，达到理想速度后芯二级再被抛掉，以此类推。被一节一节抛掉芯级的火箭可以逐步减小质量，越飞越快，当速度接近第一宇宙速度，即约7.9千米/秒，可把航天器运送到预定轨道。

火箭的助推器是一种捆绑在芯一级、可增加火箭运载能力的小型火箭，它用于在起飞、爬升或某一飞行阶段为火箭提供辅助推力。助推器是火箭的重要组成部分，但并非所有的火箭都有助推器。助推器是"半级火箭"。

有效载荷是火箭运送的用于直接执行特定任务的人员、航天器或货物，包括人造卫星、空间站组件、深空探测器、登陆车、航天员、生活物资等。长征五号火箭可把 25 吨的有效载荷运送到近地轨道上。

芯三级燃料箱

芯三级氧化剂箱

芯三级发动机

目前常用的火箭燃料有固体燃料和液体燃料。

使用固体燃料的火箭发动机（固体火箭发动机）的发射原理和"窜天猴"类似，具有结构简单可靠、操作维护方便、可长期储存等优点，多用于导弹。

使用液体燃料的火箭发动机（液体火箭发动机）具有推力调节容易、工作时间较长、可回收、成本低等优点，现在的火箭多使用此类发动机。

芯一级燃料箱

芯一级氧化剂箱

芯一级发动机

有效载荷

火箭的整体质量可达近 3000 吨，动力系统就占了其中的 90% 以上，所以真正进入太空工作的航天器的质量很小。火箭的绝大部分是要一级一级被抛弃掉的动力系统，所以火箭要把有效载荷送上天是很不容易的。

芯二级燃料箱

芯二级氧化剂箱

芯二级发动机

发动机是火箭的核心，其性能好坏直接决定发射任务的成败，是国家航天科技实力的体现。

液体火箭发动机由燃料泵、氧化剂泵、涡轮泵、控制阀、燃烧室、喷管等部分构成，其结构极其复杂。火箭发动机工作时的温度高达 3000℃。土星 5 号火箭起飞时火箭发动机的推力达到了 33350 千牛。

动力系统

燃料

　　液体火箭发动机通常使用氢气、甲烷或煤油作为燃料。

　　氢气的优点是能量密度大、比冲高，并且氢气燃烧的产物只有水，非常环保，是相对理想的液体火箭发动机燃料。但氢气密度低，需要低温（-252.8℃）液化保存，对储存技术要求很高。煤油是液体火箭发动机用得最多的一种燃料，它性价比高，但推力性能要差氢气一大截，并且极容易造成液体火箭发动机积碳，以致很难对液体火箭发动机进行二次使用。使用甲烷可以大幅度改善积碳问题，它的储存要求也比氢气低得多，以它为燃料的液体火箭发动机的推力比以氢气为燃料的液体火箭发动机逊稍一筹，是未来液体火箭发动机燃料应用的趋势之一。

氧化剂

　　我们知道燃烧需要氧气，但因为在大气层中无法及时补充火箭发动机消耗的氧气，并且在太空中是没有空气的，所以火箭发动机使用的氧化剂需要火箭自己携带。火箭发动机使用的氧化剂主要是四氧化二氮、液态氧或过氧化氢。将燃料和氧化剂混合在一起就形成了火箭的推进剂。

涡轮泵

　　两个涡轮泵分别将燃料和氧化剂加压送入燃烧室内。

燃烧室

　　推进剂被涡轮泵加压送入燃烧室点火燃烧。

喷管

　　燃烧的气体迅速通过喷管排出，产生推力。

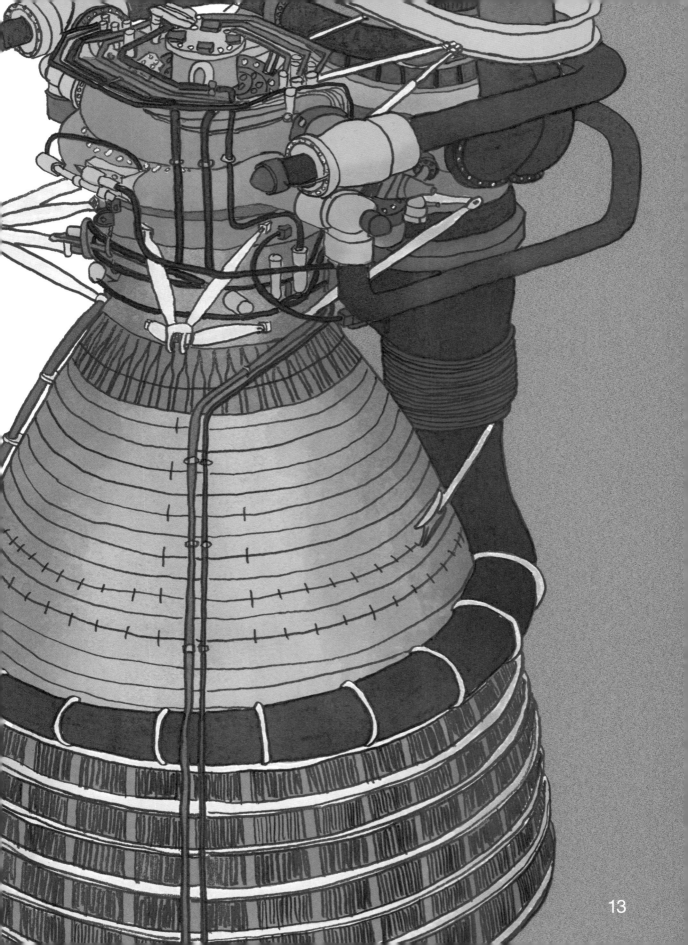

涡轮泵

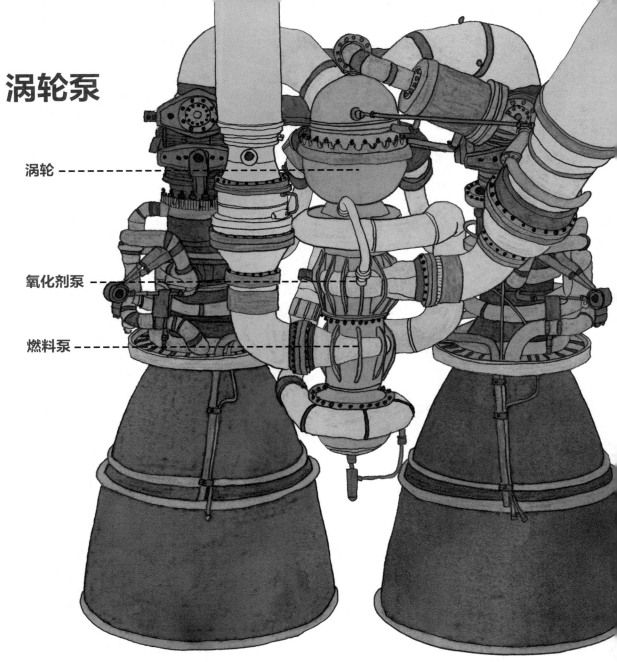

涡轮 -------------

氧化剂泵 -------------

燃料泵 -------------

　　决定火箭发射成败的关键是发动机，液体火箭发动机的核心是涡轮泵。涡轮泵素有"液体火箭发动机心脏"之称，是整个液体火箭发动机技术含量最高的部件之一，也是十分"脆弱"的部件，常常引发各类事故。涡轮泵的技术水平决定了液体火箭发动机的先进程度。

　　火箭的推力取决于其在固定时间内喷出的燃气质量的大小，而涡轮泵起到了让推进剂以最快速度喷入燃烧室的作用。

　　涡轮泵主要分为涡轮部分和泵部分，而泵又分为氧化剂泵和燃料泵。涡轮通过高速旋转为泵提供强劲的动力，泵可以将氧化剂和燃料加压后喷入燃烧室燃烧，这就是涡轮泵的工作原理。因为运行中的涡轮泵处在高压、高温的严酷环境中，对其质量的要求很高，所以涡轮泵也是非常难研发和制造的部件。

涡轮转动产生的动力通过轴传动给泵，它的转速极高，以我国正在研制的长征九号火箭为例，其发动机涡轮的转速达到了16000转/分。涡轮叶片采用耐高温、耐腐蚀、高强度的合金钢制成，这样才能保证涡轮的稳定运行。另外，涡轮叶片的形状、排列方式等都影响着涡轮的工作效率。

涡轮 ------

燃气发生器 ------

涡轮转动的动力从哪里来？用什么来驱动涡轮？

当然是高温燃气。在一个叫作燃气发生器的装置里，燃烧燃料产生的燃气用于推动涡轮转动。

我们在观看火箭发射直播时，经常会看到火箭发动机喷口旁边有一个小喷口在喷着黑烟，这就是燃气发生器的喷口在排放废气。

燃料

氧化剂

------ **氧化剂泵**

------ **燃料泵**

泵可分为轴流泵和离心泵等，现在的液体火箭发动机大部分采用离心泵。

离心泵流量大，扬程高，结构紧凑，是十分常见的液体火箭发动机主泵。离心泵的叶片就像链球运动员，通过高速旋转把推进剂甩到叶片周边环形的蜗壳通道内，实现加压，最终将推进剂输送到燃烧室内。

设计离心泵最大的困难就是叶片空蚀问题。

当推进剂以极快的速度通过叶片时，极容易产生真空气泡，这些气泡会与叶片接触产生振动和撞击，造成叶片被剥蚀。

叶片空蚀 ------

拉瓦尔管

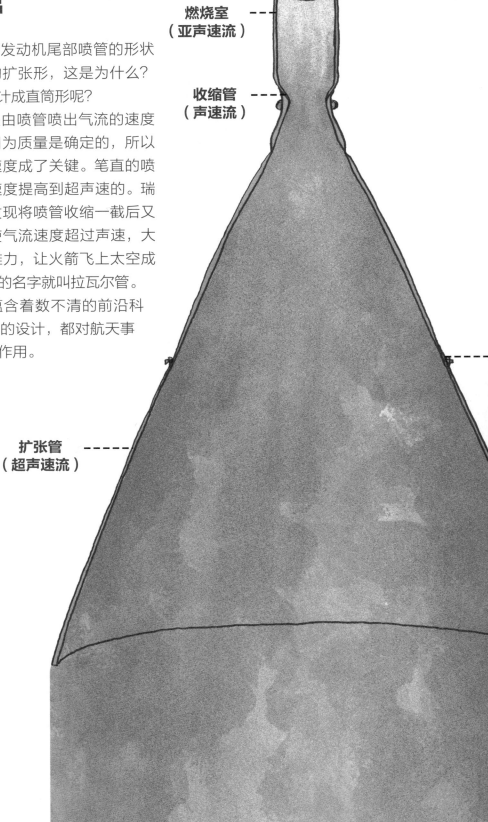

推进剂

燃烧室
（亚声速流）

收缩管
（声速流）

我们看到火箭发动机尾部喷管的形状都是像漏斗一样的扩张形，这是为什么？为什么不把喷管设计成直筒形呢？

火箭的推力是由喷管喷出气流的速度和质量决定的，因为质量是确定的，所以提升喷出气流的速度成了关键。笔直的喷管是不能把气流速度提高到超声速的。瑞典工程师拉瓦尔发现将喷管收缩一截后又将喷管扩张，会使气流速度超过声速，大大地提升火箭的推力，让火箭飞上太空成为现实。这个喷管的名字就叫拉瓦尔管。

航天事业中蕴含着数不清的前沿科技，一个看似简单的设计，都对航天事业起着至关重要的作用。

扩张管
（超声速流）

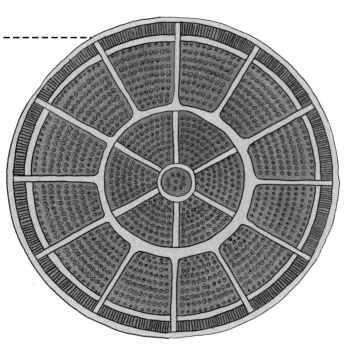

燃料喷注器

左图中像家里花洒一样的装置就是火箭发动机的燃料喷注器，密密麻麻的孔洞就是喷嘴，燃料和氧化剂从这些有序排列的喷嘴中喷出并燃烧。

每一圈喷嘴的数量、大小、间距，隔板的高度、厚度、位置等数据都不是随意设置的，都是经过大量的试验得到的。

冷却

燃烧室内的温度可高达 3000℃，超出了绝大多数材料的熔点。为保障火箭发动机能较长时间正常平稳工作，必须对喷管进行冷却。

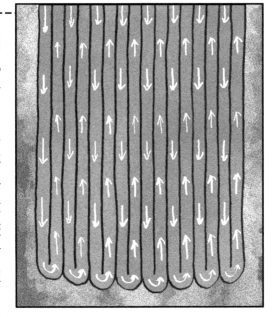

在看似很薄的喷管壁里，其实别有洞天。喷管壁的夹层里密集排布着很多细细的气体管道，里面流动着低温液体燃料，这些燃料在进入燃烧室前先去喷管周围走一圈，给喷管降温，同时汽化自身，使燃烧更充分，获得更大的推力，可谓一举两得。这种冷却方式叫再生冷却，是目前火箭发动机冷却的主流方式。

除了再生冷却，火箭发动机还有很多其他的冷却方式，如：烧蚀冷却，通过燃烧安装在喷管壁上的烧蚀材料达到冷却的目的；薄膜冷却，在喷管壁和燃气之间喷注一层气体或液体，隔离喷管和燃气，避免喷管温度过高；加厚喷管壁冷却，加厚的喷管壁能吸收更多的热量，并在喷管达到熔点之前把热量散失出去，但因为这种方式会增大质量，所以一般不会用在主发动机上。

增大推力

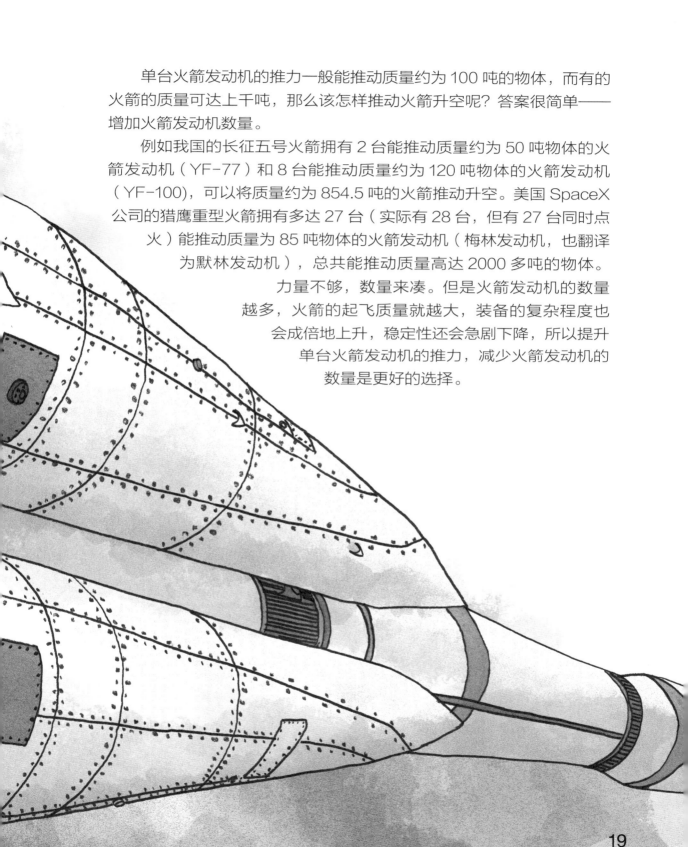

　　单台火箭发动机的推力一般能推动质量约为 100 吨的物体，而有的火箭的质量可达上千吨，那么该怎样推动火箭升空呢？答案很简单——增加火箭发动机数量。

　　例如我国的长征五号火箭拥有 2 台能推动质量约为 50 吨物体的火箭发动机（YF-77）和 8 台能推动质量约为 120 吨物体的火箭发动机（YF-100），可以将质量约为 854.5 吨的火箭推动升空。美国 SpaceX 公司的猎鹰重型火箭拥有多达 27 台（实际有 28 台，但有 27 台同时点火）能推动质量为 85 吨物体的火箭发动机（梅林发动机，也翻译为默林发动机），总共能推动质量高达 2000 多吨的物体。

　　力量不够，数量来凑。但是火箭发动机的数量越多，火箭的起飞质量就越大，装备的复杂程度也会成倍地上升，稳定性还会急剧下降，所以提升单台火箭发动机的推力，减少火箭发动机的数量是更好的选择。

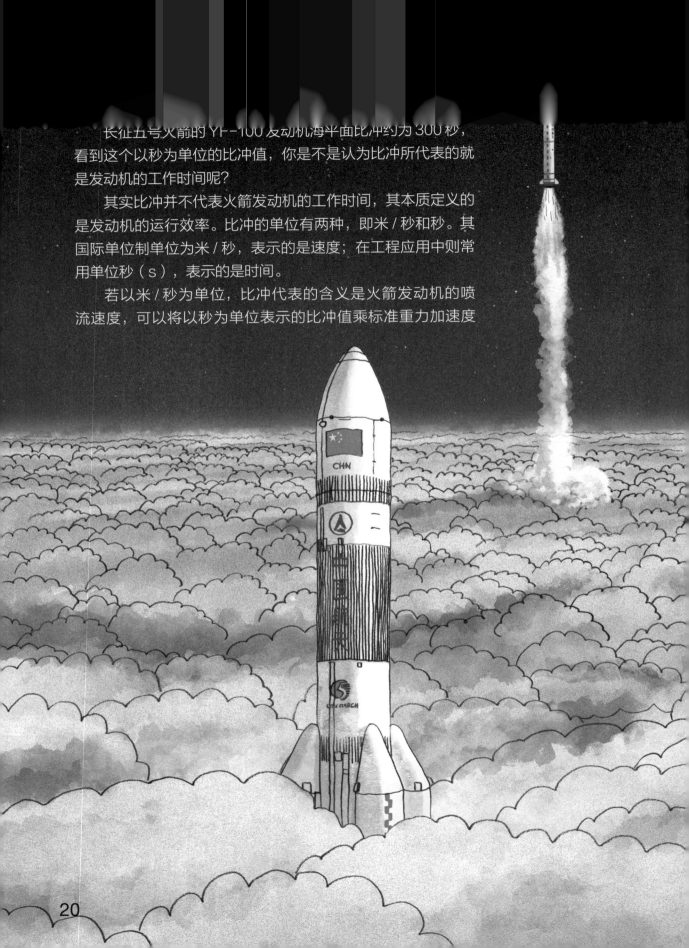

　　长征五号火箭的 YF-100 发动机海平面比冲约为 300 秒，看到这个以秒为单位的比冲值，你是不是认为比冲所代表的就是发动机的工作时间呢？

　　其实比冲并不代表火箭发动机的工作时间，其本质定义的是发动机的运行效率。比冲的单位有两种，即米 / 秒和秒。其国际单位制单位为米 / 秒，表示的是速度；在工程应用中则常用单位秒（ s ），表示的是时间。

　　若以米 / 秒为单位，比冲代表的含义是火箭发动机的喷流速度，可以将以秒为单位表示的比冲值乘标准重力加速度

（约 9.8 米 / 秒²）得到。例如长征五号火箭的
YF-100 发动机在海平面高度的比冲 300 秒乘 9.8
米 / 秒²，可得其海平面高度的喷流速度为 2940
米 / 秒。

在工程应用中比冲代表的含义是，每燃烧 1 千
克推进剂，产生 9.8 牛推力持续的时间。如长征五
号火箭的 YF-100 发动机在海平面高度每燃烧 1 千
克推进剂，产生 9.8 牛推力的持续时间约是 300 秒。

比冲值越大，发动机运行效率越高。提升发动
机比冲的方法有很多种，例如选用比冲更高的推进
剂（如液氢、液氧）；提升涡轮泵的工作效率，增
加燃烧室的压强；优化拉瓦尔管的设计；等等。

『帅得掉渣』

Z-4B

中国航天

保温板 - - - - -

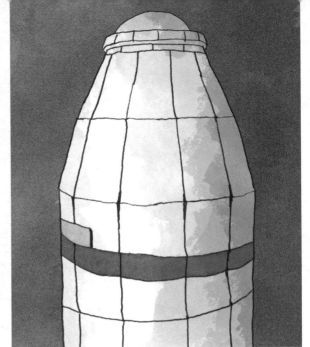

整流罩保温板

当我们观看火箭发射时，经常会看到火箭点火离开发射塔之后的加速过程中，会有一些白色的碎片脱落，还有一些火箭在发射时冒着"白烟"或掉落着"雪花"，这些碎片、"白烟"和"雪花"都是什么呢？

因为火箭里面装有很精密的仪器，为了使仪器安全、稳定运行，需要保证这些仪器运行在比较合适的温度范围内，所以在寒冷或温差大的环境下，需要给火箭保温。这些脱落的碎片就是保温板。

仔细观察后你会发现，处在我国温带大陆性气候地区的酒泉卫星发射中心发射的火箭，在点火发射时大多会有保温板脱落的现象，因为这里冬季寒冷，并且早晚温差很大，为了保护仪器，火箭外层需要包裹保温板。而处在热带季风气候地区的文昌航天发射场发射的火箭不需要包裹保温板，在点火发射时就不会出现保温板脱落的现象了。

火箭在发射时产生的震动会把一部分保温板震掉，剩下的保温板也会在火箭加速过程中因为与空气摩擦生热而最终被燃烧掉。

　　液体火箭的燃料箱和氧化剂箱里面装有大量液氢、液氧等低温物质，其温度可达 –200℃，所以火箭外表面周围空气中的水分遇冷液化会形成"白烟"，就像夏天刚打开冰箱时会有"白烟"冒出一样。离火箭外表面最近的空气中的水分由于更低的温度而凝固，会形成一层冰包裹住火箭，火箭点火时产生的震动会使这层冰碎裂、掉落，因此就可以看到像雪花一样的冰碴儿纷纷落下的场景。

　　所以以后再看到火箭"掉渣"的时候不用担心，这是正常现象。

冰碴儿 - - - - - - - -

爆炸螺栓

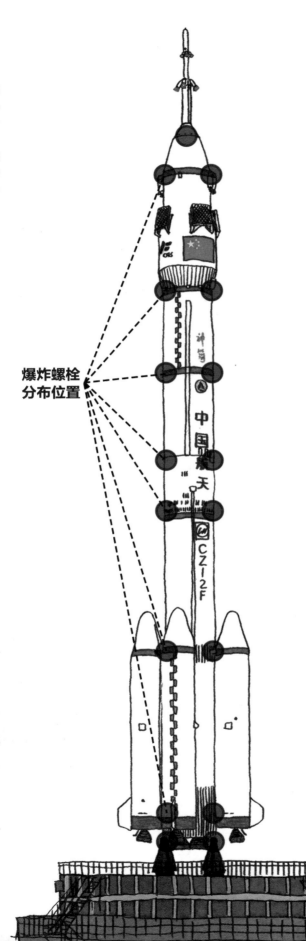

**爆炸螺栓
分布位置**

火箭竖立在发射塔架上的时候为什么不会倒下去？各级火箭是如何分离的呢？这时我们就要提到爆炸螺栓。

火箭在点火的一瞬间，其与发射塔架连接的所有螺栓会同时炸开，火箭才得以脱离发射塔架。但是仅靠普通螺栓是无法实现火箭与发射塔架的快速分离的，所以能在毫秒级内脱扣的爆炸螺栓应运而生。爆炸螺栓遍布火箭的每个分离节点，如助推器与芯级连接处、芯级之间的连接处、整流罩分离处、逃逸塔分离处、有效载荷和火箭末级之间的连接处等。

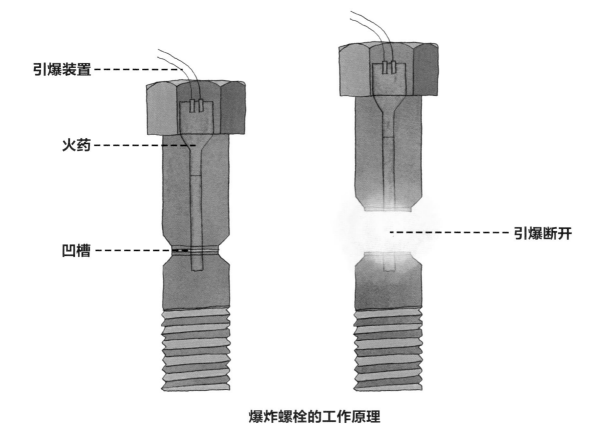

引爆装置------

火药------

凹槽------

------引爆断开

爆炸螺栓的工作原理

　　爆炸螺栓在外形上和普通螺栓差异不大，不同的是在爆炸螺栓内部设计了一个空腔，空腔内可容纳一定数量的火药和引爆装置。引爆装置接收到动作信号后点燃火药，将整个爆炸螺栓"切断"成 2~3 个部分。爆炸螺栓中间一般有一个凹槽，这里的强度最弱，爆炸后爆炸螺栓会从这里断裂。

　　爆炸螺栓的工作原理看起来很简单，但其在设计、制造方面有很多困难之处：爆炸螺栓需要有足够的机械强度以紧固连接件；必须精准控制其爆炸威力；爆炸后爆炸螺栓断裂面要平整，不能产生碎片伤到箭体；爆炸螺栓要能在如高温、低温等恶劣环境中保持性能稳定；爆炸螺栓的爆炸时间要把控精确等。

　　由于爆炸螺栓有强度较弱的凹槽设计，其强度低于普通螺栓，因此需要安装很多个爆炸螺栓以保证其强度，并且要保证全部爆炸螺栓同时断开。

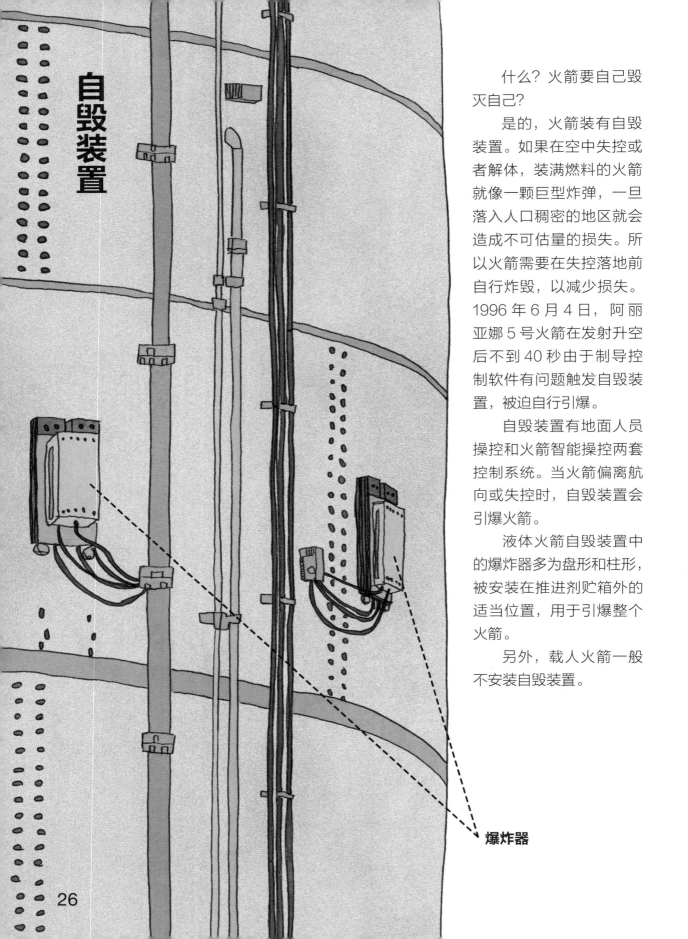

自毁装置

什么？火箭要自己毁灭自己？

是的，火箭装有自毁装置。如果在空中失控或者解体，装满燃料的火箭就像一颗巨型炸弹，一旦落入人口稠密的地区就会造成不可估量的损失。所以火箭需要在失控落地前自行炸毁，以减少损失。1996 年 6 月 4 日，阿丽亚娜 5 号火箭在发射升空后不到 40 秒由于制导控制软件有问题触发自毁装置，被迫自行引爆。

自毁装置有地面人员操控和火箭智能操控两套控制系统。当火箭偏离航向或失控时，自毁装置会引爆火箭。

液体火箭自毁装置中的爆炸器多为盘形和柱形，被安装在推进剂贮箱外的适当位置，用于引爆整个火箭。

另外，载人火箭一般不安装自毁装置。

爆炸器

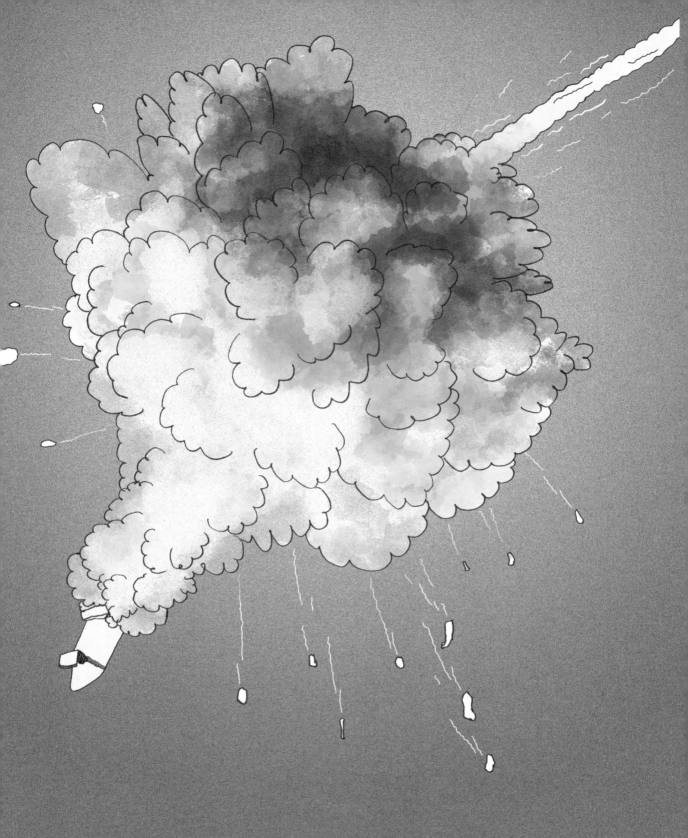

回收

　　火箭的制造与发射要消耗大量的财力，通常需要数亿甚至数十亿元，并且常规火箭都是一次性的，升空后抛掉的芯级都坠毁了，这导致火箭的发射成本极高。

　　为了降低发射成本，可重复利用的航天飞机应运而生。1981年4月12日，美国发射了世界上第一架航天飞机——哥伦比亚号航天飞机，它由2个固体火箭助推器、1个外贮箱（为液体推进剂贮箱）和1个轨道器组成。2个固体火箭助推器会在航天飞机起飞的2分钟后关机并分离，靠降落伞悬吊落在海面上，由回收船回收，供下次再用。虽然航天飞机做到了可重复使用，但其发射成本并没有降低，其复杂的结构导致维护费用极高，并且航天飞机曾经出过两次事故，造成了14名航天员丧生，致使人们失去了对航天飞机的信心与热情。2011年7月21日，在亚特兰蒂斯号航天飞机执行完最后一次任务后，航天飞机就此退出历史舞台。

上升

　　当地时间2015年12月21日（北京时间12月22日），美国SpaceX公司成功发射猎鹰9号火箭，10分钟后成功回收了芯一级，这开创了火箭垂直回收的历史。猎鹰9号火箭经多次回收利用后，平摊到每次发射的成本可以降低60%以上，这是一个非常可观的数字。可回收火箭是未来火箭发展的趋势。

发射

火箭回收技术有很多难点。首先，增加回收这一步骤，让火箭的总体参数优化和设计变复杂了；其次，在火箭回落过程中，需要将火箭发动机的推力从额定推力的 10% 到额定推力的 100% 之间进行调节，如此大幅度的推力调节对火箭发动机的设计要求很高；最后，整个垂直返回过程的精度控制要求很高，就好像你抛出的一根竹竿在越过有 50 层的大厦后还要垂直降落到大小如一张 A4 纸的台面上。我们可以想象火箭回收真可谓困难重重。

但是无论前方道路多么险阻，伟大的火箭工程师们依然奋勇向前。猎鹰 9 号火箭成功的背后，是一次又一次的失败。我国的可回收式火箭也会在不久的将来成功发射。在前进的路上不忘初心、坚持不终会取得成功。

调整姿态

当火箭芯一级（下文简称火箭）分离之后，主发动机关闭，火箭进入回落状态，此时火箭上的姿态控制火箭发动机开始工作，调整火箭姿态。

减速

降落到一定高度后，姿态控制火箭发动机启动减速程序，并根据火箭俯仰角、高度等参数实时调整角度和推力，这时火箭上用于保证火箭稳定姿态的栅格翼也会打开，在保证火箭保持垂直姿态的同时慢慢减速。

着陆

在距离地面约 100 米的高度时，控制系统就会展开稳定支架，它就像火箭的 4 条"腿"一样让火箭"站立"在台面上而不至于倾倒。

最后工作人员将降落的火箭拉回厂房进行翻修，准备下一次的发射。

中国长征系列火箭

长征系列火箭是中国自行研制的航天运载工具。长征火箭项目起步于 20 世纪 60 年代，1970 年 4 月 24 日长征一号火箭首次发射，成功将东方红一号卫星送入轨道。

长征二号 F 火箭又名神箭，是一种大型捆绑助推器（下文简称"捆绑式"）的两级火箭，主要用于发射神舟载人飞船到近地轨道。

长征五号火箭是一种大型低温液体捆绑式两级半构型火箭，嫦娥五号、天问一号等航天器都是由长征五号送入轨道的。

长征六号火箭是新一代小型液体火箭，主要用于满足低轨道中小卫星的发射需求，具有无毒、无污染、成本低、可靠性高、适应性强、安全性高的特点。

长征七号火箭是新型液体火箭，是一款可满足中高轨卫星发射需求的中型火箭。

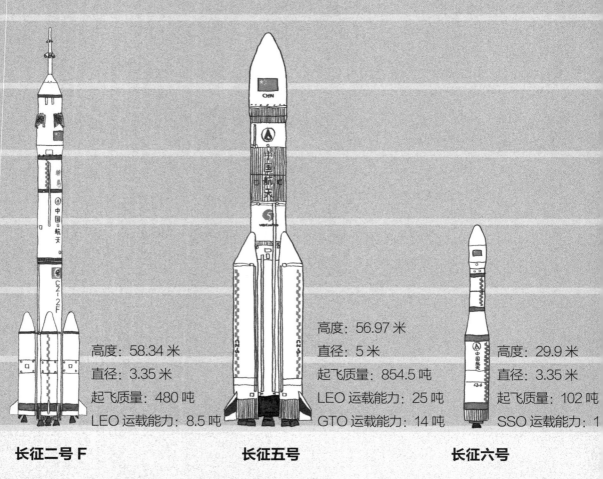

高度：58.34 米
直径：3.35 米
起飞质量：480 吨
LEO 运载能力：8.5 吨

高度：56.97 米
直径：5 米
起飞质量：854.5 吨
LEO 运载能力：25 吨
GTO 运载能力：14 吨

高度：29.9 米
直径：3.35 米
起飞质量：102 吨
SSO 运载能力：1

长征二号 F　　　　　　　**长征五号**　　　　　　　**长征六号**

注：LEO 代表近地轨道；GTO 代表地球同步转移轨道；SSO 代表太阳同步轨道；LTO 代表地月转移轨道；MTO 代表地火转移轨道。

长征八号火箭是新一代中型中低轨道液体捆绑式两级火箭，其中芯一级使用液氧、煤油作为推进剂，芯二级使用液氢、液氧作为推进剂，是为了提高太阳同步轨道卫星发射能力而研制的。长征八号火箭可实现一箭多星发射，其衍生型号长征八号 R 火箭（研制中）可以实现芯一级的回收，极大地降低发射成本。

长征九号火箭为执行深空探测等任务而研制，是未来一段时间中国运载能力最强的火箭之一。未来的月球基地建设、火星取样返回任务、空间太阳能电站项目等都需要它来实现，任务规划预计 2030 年前后实现首飞。

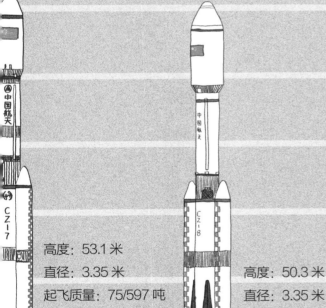

110 米

100 米

90 米

80 米

70 米

60 米

50 米

40 米

30 米

20 米

10 米

0 米

高度: 53.1 米

直径: 3.35 米

起飞质量: 75/597 吨

LEO 运载能力: 13.5 吨

SSO 运载能力: 5.5 吨

高度: 50.3 米

直径: 3.35 米

起飞质量: 356 吨

SSO 运载能力: 4.5 吨

高度: 108 米

直径: 10.6 米

起飞质量: 4122 吨

LEO 运载能力: 150 吨

LTO 运载能力: 53 吨

MTO 运载能力: 44 吨

征七号

长征八号

长征九号
（21 版）

其他国家火箭

苏联（俄罗斯）联盟号火箭使用液氧、煤油作为推进剂，主要用于发射载人货运飞船或军用照相侦察卫星，曾发射过上升号载人飞船、联盟号载人飞船、进步号货运飞船和第二代照相侦察卫星宇宙-22。

欧洲阿丽亚娜5号火箭由欧洲空间局及法国国家空间研究中心出资建造，主要作用是将人造卫星发射到地球同步轨道或近地轨道。

日本 H-IIB 火箭是使用液氧和液氢作为推进剂的二级式火箭，由日本三菱重工业有限公司制造。

美国奋进号航天飞机是美国第五架实际执行太空飞行任务的航天飞机。航天飞机最初是出于低成本往返太空、实现经济的太空运输这个目的而研制的，但其重复使用成本远远高于预期。奋进号航天飞机在 2012 年 9 月完成最后一次飞行后便永久退役了。

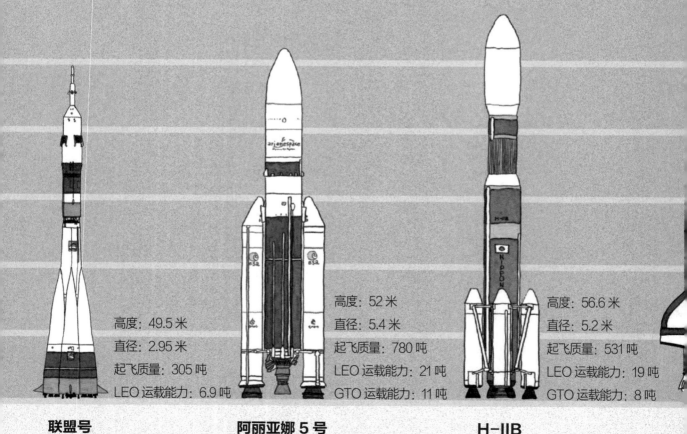

高度：49.5 米
直径：2.95 米
起飞质量：305 吨
LEO 运载能力：6.9 吨

联盟号

高度：52 米
直径：5.4 米
起飞质量：780 吨
LEO 运载能力：21 吨
GTO 运载能力：11 吨

阿丽亚娜 5 号

高度：56.6 米
直径：5.2 米
起飞质量：531 吨
LEO 运载能力：19 吨
GTO 运载能力：8 吨

H-IIB

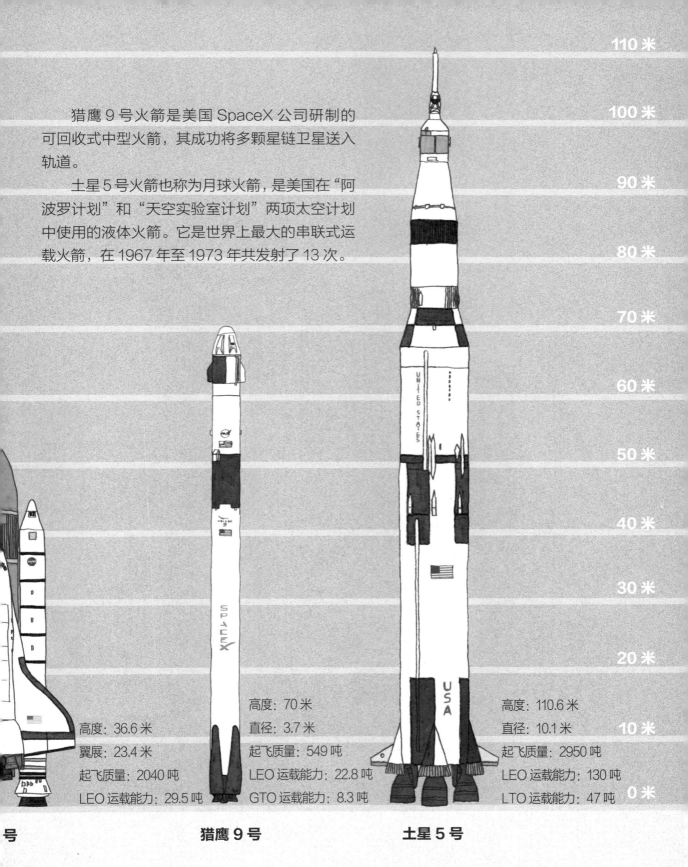

猎鹰 9 号火箭是美国 SpaceX 公司研制的可回收式中型火箭，其成功将多颗星链卫星送入轨道。

土星 5 号火箭也称为月球火箭，是美国在"阿波罗计划"和"天空实验室计划"两项太空计划中使用的液体火箭。它是世界上最大的串联式运载火箭，在 1967 年至 1973 年共发射了 13 次。

110 米
100 米
90 米
80 米
70 米
60 米
50 米
40 米
30 米
20 米
10 米
0 米

高度：36.6 米
翼展：23.4 米
起飞质量：2040 吨
LEO 运载能力：29.5 吨

高度：70 米
直径：3.7 米
起飞质量：549 吨
LEO 运载能力：22.8 吨
GTO 运载能力：8.3 吨

高度：110.6 米
直径：10.1 米
起飞质量：2950 吨
LEO 运载能力：130 吨
LTO 运载能力：47 吨

号

猎鹰 9 号

土星 5 号

航天发射场

航天发射场（简称发射场）的主要功能是完成火箭和航天器的装配、测试和发射；对发射的火箭及航天器进行跟踪，获取数据，对数据进行处理和分析；对火箭及航天器进行监视和安全控制，完成检测和发射的后勤保障工作；等等。

　　发射场一般由测试区、发射区、发射指挥控制中心、综合测量设施、勤务保障设施和管理服务部门组成。如果发射场还用于发射返回式航天器，则应建有坠落区和着陆区。

　　目前火箭发射有 3 种方式：地面发射、空中发射、海上发射。

　　我国的主要发射场有甘肃酒泉卫星发射中心、山西太原卫星发射中心、海南文昌航天发射场、四川西昌卫星发射中心和东方航天港（海上发射中心）。

　　其他国家和地区的主要发射场有美国肯尼迪航天中心、西部航天和导弹试验中心，俄罗斯拜科努尔航天发射场（也叫拜科努尔空间发射场）、普列谢茨克发射场，日本种子岛航天中心，欧洲航天发射中心，意大利圣马科发射场和印度斯里哈里科塔发射场等。

35

选址

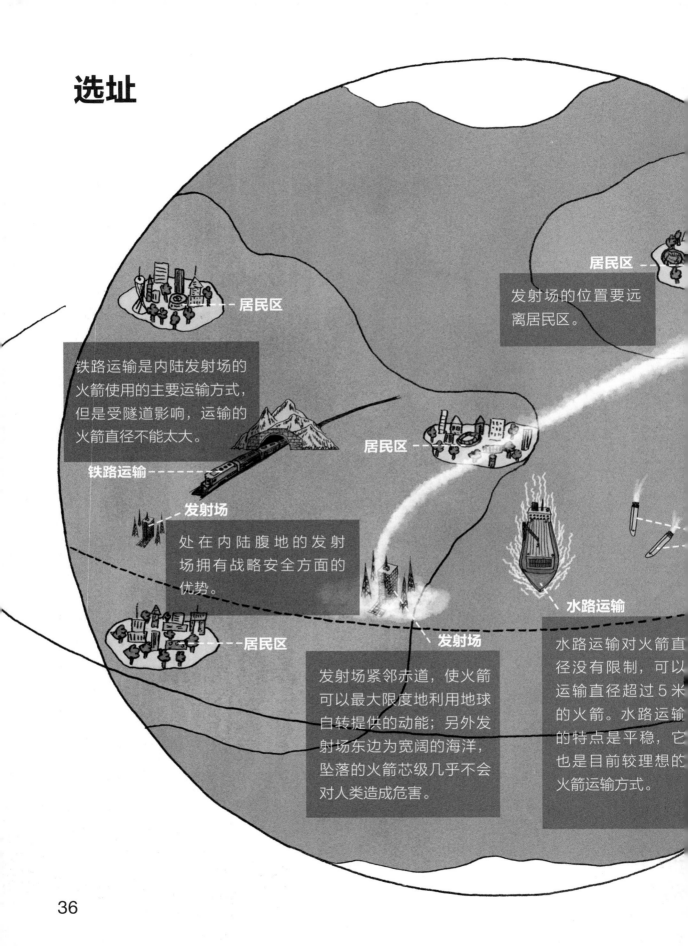

居民区

发射场的位置要远离居民区。

铁路运输是内陆发射场的火箭使用的主要运输方式，但是受隧道影响，运输的火箭直径不能太大。

铁路运输

居民区

发射场

处在内陆腹地的发射场拥有战略安全方面的优势。

居民区

水路运输

发射场

发射场紧邻赤道，使火箭可以最大限度地利用地球自转提供的动能；另外发射场东边为宽阔的海洋，坠落的火箭芯级几乎不会对人类造成危害。

水路运输对火箭直径没有限制，可以运输直径超过5米的火箭。水路运输的特点是平稳，它也是目前较理想的火箭运输方式。

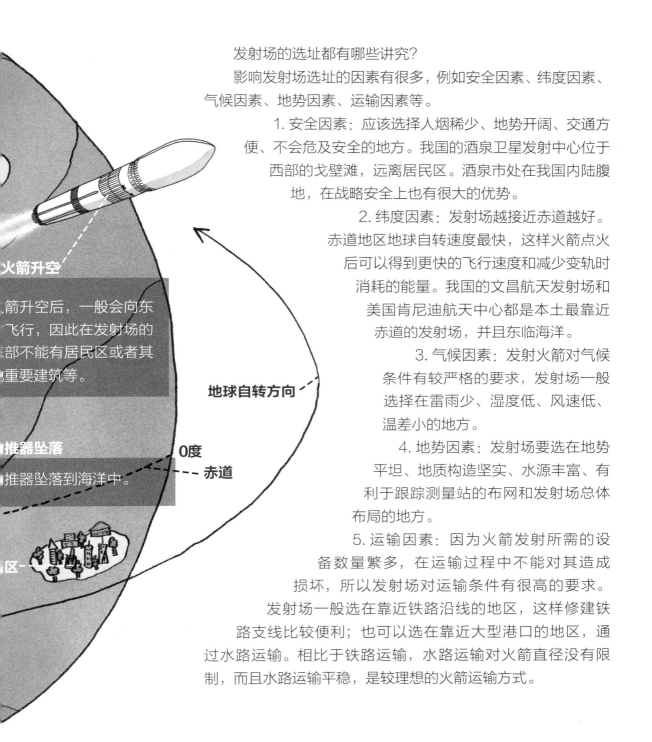

火箭升空

火箭升空后，一般会向东飞行，因此在发射场的东部不能有居民区或者其他重要建筑等。

推器坠落

推器坠落到海洋中。

地球自转方向

0度
赤道

居区

发射场的选址都有哪些讲究？

影响发射场选址的因素有很多，例如安全因素、纬度因素、气候因素、地势因素、运输因素等。

1. 安全因素：应该选择人烟稀少、地势开阔、交通方便、不会危及安全的地方。我国的酒泉卫星发射中心位于西部的戈壁滩，远离居民区。酒泉市处在我国内陆腹地，在战略安全上也有很大的优势。

2. 纬度因素：发射场越接近赤道越好。赤道地区地球自转速度最快，这样火箭点火后可以得到更快的飞行速度和减少变轨时消耗的能量。我国的文昌航天发射场和美国肯尼迪航天中心都是本土最靠近赤道的发射场，并且东临海洋。

3. 气候因素：发射火箭对气候条件有较严格的要求，发射场一般选择在雷雨少、湿度低、风速低、温差小的地方。

4. 地势因素：发射场要选在地势平坦、地质构造坚实、水源丰富、有利于跟踪测量站的布网和发射场总体布局的地方。

5. 运输因素：因为火箭发射所需的设备数量繁多，在运输过程中不能对其造成损坏，所以发射场对运输条件有很高的要求。发射场一般选在靠近铁路沿线的地区，这样修建铁路支线比较便利；也可以选在靠近大型港口的地区，通过水路运输。相比于铁路运输，水路运输对火箭直径没有限制，而且水路运输平稳，是较理想的火箭运输方式。

测控系统

当火箭发射升空后，我们要实时了解火箭的飞行状态，与火箭保持通信并控制火箭。但地球是类球形的，而信号是沿直线传播的，当火箭升空飞到地球另一面的上空时，又该怎样与其保持通信呢？这就需要建立测控系统。

测控系统主要由测控中心（全称为航天测控中心）、测控站、测量船和中继卫星组成。测控站、测量船和中继卫星把监测到的火箭信息传送给测控中心，测控中心通过各个测控单元将控制信号传输给火箭，以实现对火箭的控制。测控中心好比"大脑"，而各个测控单元则是"眼睛""耳朵"和"双手"。测控单元之间密切配合，确保火箭一直在测控范围内，从而可以全方位捕获火箭的位置和状态。

当年杨利伟乘坐的神舟五号飞船升空时，我国还没有中继卫星，因为测控站只能覆盖 15% 左右的近地轨道，所以杨利伟只能等飞到我国测控站上空时才能与测控中心进行通信。而现在我们有了天链一号、天链二号中继卫星系统，其信号能覆盖 100% 的近地轨道，航天员在空间站中可以不间断地与地面进行通信，甚至可以上网。例如，神舟十号的航天员王亚平进行了长达 50 分钟的太空直播授课，这就得益于中继卫星的帮助。

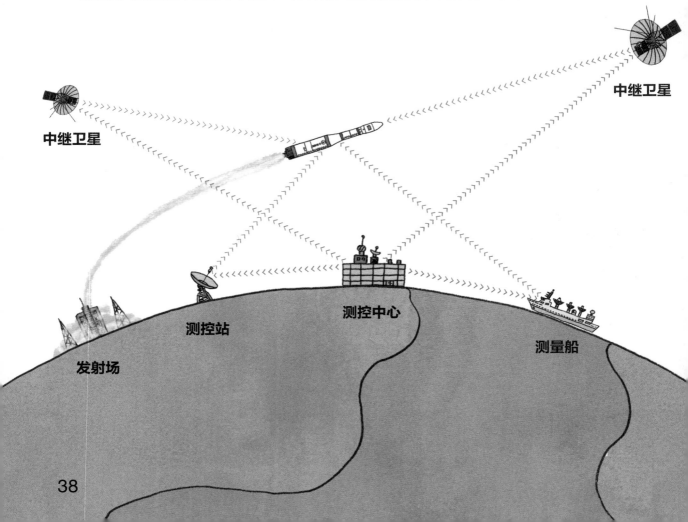

中继卫星

中继卫星

测控站

测控中心

测量船

发射场

测量船

    测量船的功能与测
控站的功能相同，它具有机动灵活
的特点，可大大扩大测控范围。如果返回舱降落
在海上，测量船还要担负起对航天员的营救任务。我国的测量船有远望1号至远望7号，
分布在太平洋、印度洋、大西洋等不同的海域。

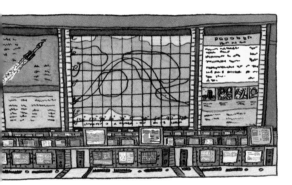

测控中心

    测控中心是火箭发射的通信和控制中枢，主
要负责对火箭的发射、飞行、返回等任务进行指
挥与控制。我国的北京航天飞行控制中心、美国
的约翰逊航天中心和俄罗斯的莫斯科飞行控制中
心是当今世界三大测控中心。

中继卫星

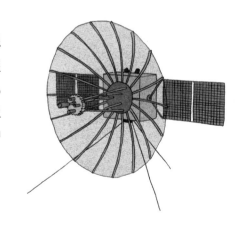

    中继卫星一般运行在地球静止轨道上，1颗中继卫星
的信号覆盖范围（测控覆盖率）可达到地球表面的40%
以上，3颗中继卫星就可达到100%的覆盖率。中继卫
星是未来航天测控系统的重点发展方向。我国目前的中
继卫星系统为天链一号、天链二号等。

测控站

    测控站中最主要的设施是巨大的天线，因为每
个测控站的测控范围有限，一旦火箭飞出测控范围，
就会出现通信盲区，所以需要建立多个测控站来增
大信号覆盖范围。我国除在国内建设了多个测控站
外，在巴基斯坦、肯尼亚、基里巴斯和纳米比亚也
都建有测控站。

发射

　　发射工作进入 1 小时准备阶段后的主要工作包括：进行发射前功能检查；预装订飞行程序和数据，对推进剂贮箱进行增压；补加推进剂；气路连接器、加注连接器自动脱开；遥测系统、外测系统的连接插头自动脱落。

　　到 1 分钟准备阶段，箭上系统由地面供电转为由箭上电池供电。经 10 秒自检正常后，电缆连接器自动脱落，电缆摆杆离开火箭摆到预定位置。这时火箭除底部经脱落插头连接的电缆尚与地面连接外，其他与地面连接的插头均已脱落。

　　发射前 30 秒，发射场的测控系统与各地测控站开始工作。

　　发射前 10 秒，地面指挥员开始播报倒计时口令："10、9、8、7、6、5、4、3、2、1、点火。"

　　到 0 秒时，爆炸螺栓起爆，火箭点火，底部唯一尚连接着的电缆脱落插头被拉脱，火箭与地面的有线控制完全中断。

　　火箭离开发射台升空。

"10"

"9"

"8"

"7"

"6"

"5"

"4"

"3"

"2"

"1"

"点火"

逃逸塔分离

逃逸塔 - - - - -

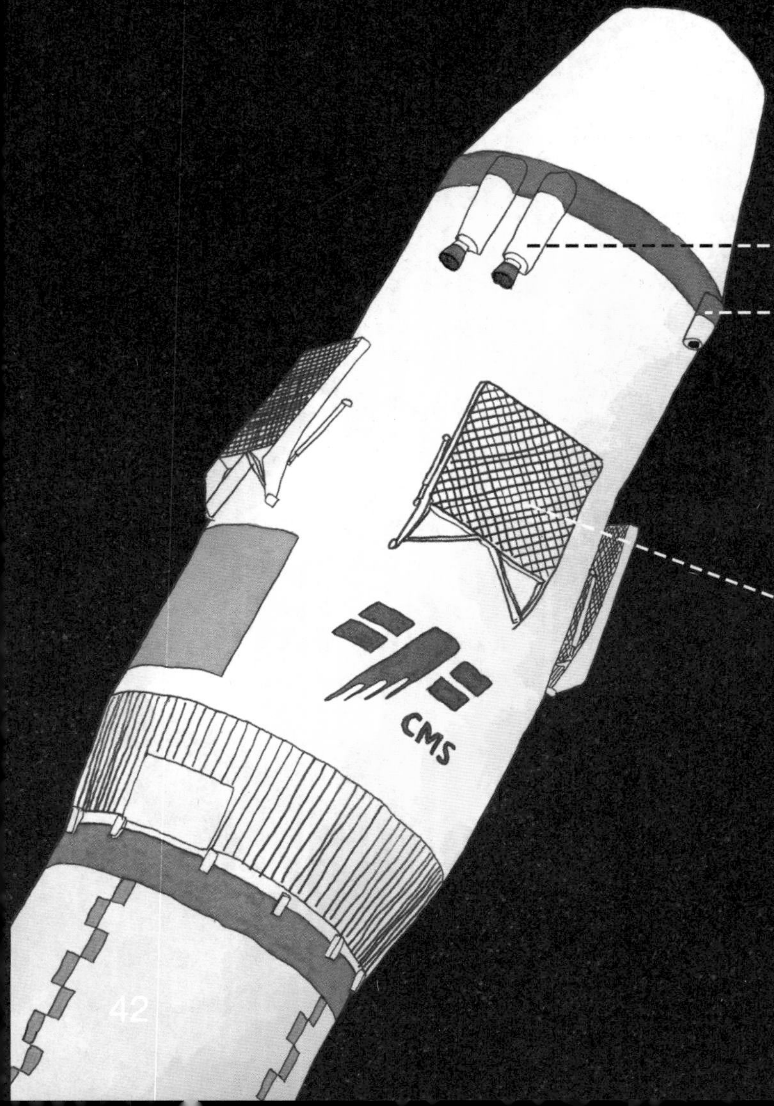

高空逃逸发动机

高空分离发动机

高空逃逸发动机、高空分离发动机安装在整流罩上，负责在逃逸塔分离后到整流罩分离前（39 千米至 110 千米的高度）的应急逃逸任务。

栅格翼

在逃逸任务启动时，飞船很容易出现高速旋转的情况，使用栅格翼可以解决飞船旋转的问题，同时也能控制逃逸方向。

CMS

逃逸塔被称为"生命之塔"，它是保护航天员生命安全的"堡垒"。

逃逸系统的"大脑"内存储着很多故障模式，可检测和判断故障大小，决定是否启动逃逸装置。逃逸塔自备一个单独的动力系统，装备大功率的固体火箭发动机，能在几十毫秒内点火，在3秒内像拔萝卜一样把航天员乘坐的返回舱和轨道舱从火箭中拖拽出来，带离危险区域并降落到安全地带，保护航天员的生命安全。

逃逸模式分为两种，即有塔逃逸模式和无塔逃逸模式。有塔逃逸模式是指在火箭点火前900秒到起飞后约120秒，逃逸塔分离之前，由逃逸塔拖拽飞船进行逃逸；无塔逃逸模式是指逃逸塔分离之后到整流罩分离之前，由高空逃逸发动机拖拽逃逸。39千米以下高度的中低空大气密度大且飞行阻力大，需要大的逃逸动力，逃逸塔可发挥作用。在超过39千米高度的高空，大气密度小，此时也不需要大的逃逸动力，可抛掉逃逸塔以减小火箭质量。

如果挑战者号航天飞机拥有逃逸装置的话，7名航天员就可能不会牺牲了。

"载人航天，人命关天"，安全永远占据航天事业的第一位。

姿态控制火箭发动机

逃逸塔分离或者拖拽飞船紧急逃逸时，姿态控制火箭发动机可以控制逃逸塔以一个特定方向逃逸，避免火箭爆炸对飞船的影响。

逃逸分离发动机

逃逸分离发动机是1台前置喷管固体火箭发动机，喷管有8个。在火箭飞行约120秒，飞行高度约39千米时，若火箭没有出现故障，逃逸分离发动机则仅将逃逸塔拖拽分离并抛弃掉。

逃逸主发动机

逃逸主发动机由4台固体火箭发动机组成，在火箭点火前900秒到起飞后约120秒，如果火箭出现了故障，逃逸系统在几十毫秒内点燃逃逸主发动机，拖拽飞船进行逃逸。

助推器分离

　　一般火箭飞行 155 秒左右时，助推器燃料耗尽并接到分离指令后，装在每个助推器箱间段外侧的 4 个分离火箭首先点火，0.1 秒后，爆炸螺栓和聚能切割索同时引爆，使前、后连接点断开，4 个助推器借助分离火箭的推力离开火箭，向 4 个方向坠落。

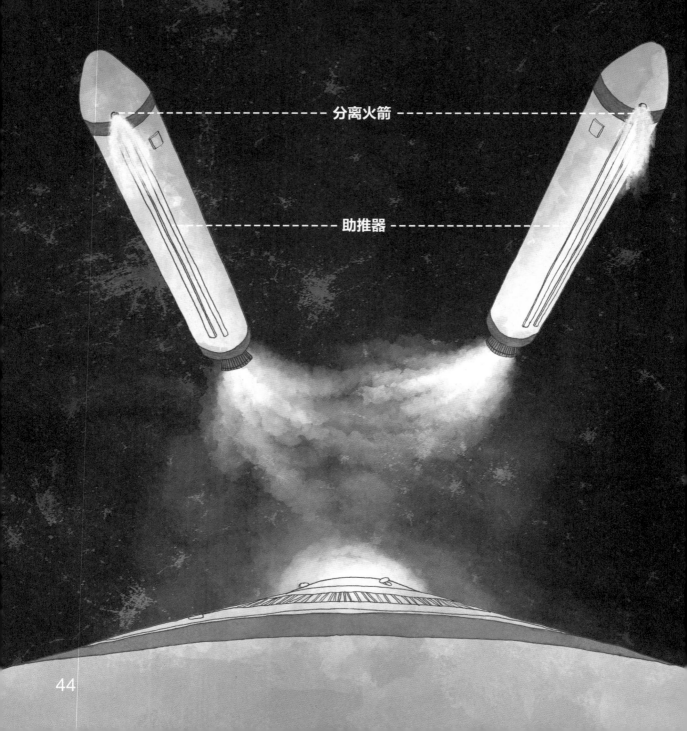

分离火箭

助推器

级间分离

以芯一、二级分离为例，分离面上的爆炸螺栓同时引爆，使两个芯级之间的连接解除，已点火的芯二级发动机推动火箭加速向前飞行。芯二级发动机喷出的高速燃气流喷射在芯一级氧化剂箱上，增大了芯一级箭体飞行的阻力，从而迫使芯一级箭体离开火箭。这种分离方式叫热分离。

而另一种分离方式——冷分离，用芯一级的正推火箭和芯二级的反推火箭将两个芯级分离，芯二级发动机在芯一级分离后才开始点火。

芯二级

级间段

芯一级

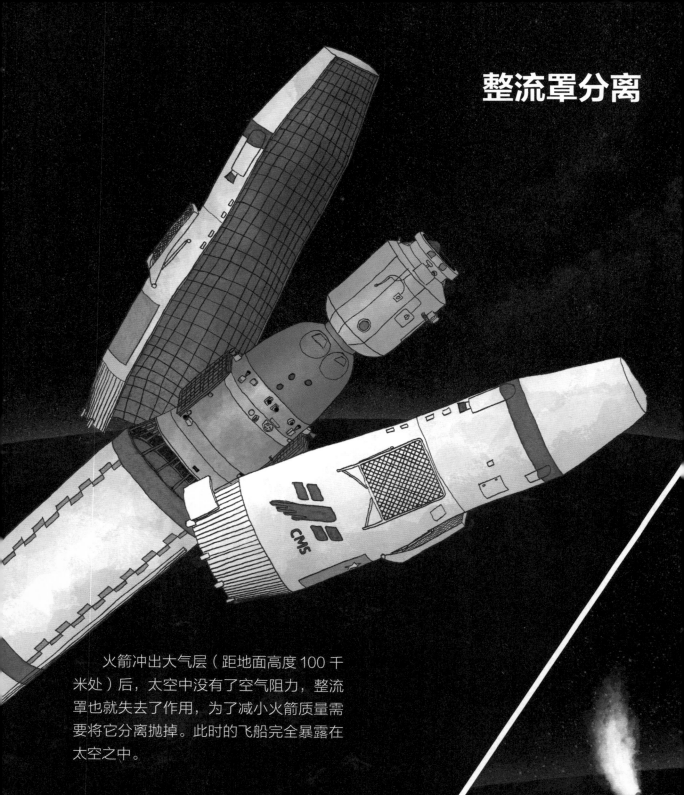

整流罩分离

火箭冲出大气层（距地面高度 100 千米处）后，太空中没有了空气阻力，整流罩也就失去了作用，为了减小火箭质量需要将它分离抛掉。此时的飞船完全暴露在太空之中。

船箭分离

　　通常当火箭飞行快 10 分钟时，速度会接近第一宇宙速度（约 7.9 千米 / 秒）。在到达预定轨道时，船箭紧锁装置按照指令解锁，实现船箭自动分离。如果出现故障导致船箭无法自动分离，航天员也可以通过手动发出船箭分离指令进行分离。

　　此时飞船将在轨道上自行航行直至与空间站对接，而火箭随着最后一级的分离，也就完成了它的全部任务。

47

空间站

交会对接

飞船进入太空的第一个关键工作是交会对接。交会对接是指两个或两个以上的航天器于同一时间在预定轨道同一位置以相同速度会合并在结构上连成一个整体。

现在主流的交会对接机构有异体同构周边式对接机构、杆－锥式对接机构等。

异体同构周边式对接机构由软对接环（捕获环）、硬对接环两部分组成。软对接环上有 3 个导向瓣，这 3 个导向瓣可以让飞船以正确的姿态接入。对接的时候飞船上的软对接环先伸出来，3 个导向瓣接入空间站后锁扣锁死（类似门锁），然后软对接环将飞船调整到正确位置，与空间站接口完全对齐。对齐的过程中会使用对接辅助图像进行调整，保持对接辅助图像的十字图案在正中心的位置后，便可继续进行硬对接。这时飞船和空间站的对接口完全闭合，硬对接环周围的一圈硬对接锁扣锁死，至此交会对接完毕。中国空间站使用的就是异体同构周边式对接机构。

杆－锥式对接机构是 1967 年由苏联人发明的，使用该机构对接时飞船端伸出一个长杆，插入空间站上类似漏斗一样的锥形孔里，最终锁紧。这种对接机构结构简单、质量小。但是它在应用中需要主动、被动两种机构成对使用，通用性差，而且锥形孔形状特殊，占用空间大，对接通道比较窄。

空间交会对接被称为"太空之吻"，交会对接技术是最关键、最具挑战性的航空航天核心技术之一。

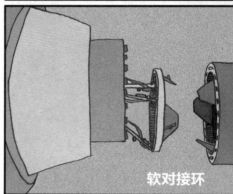

软对接环

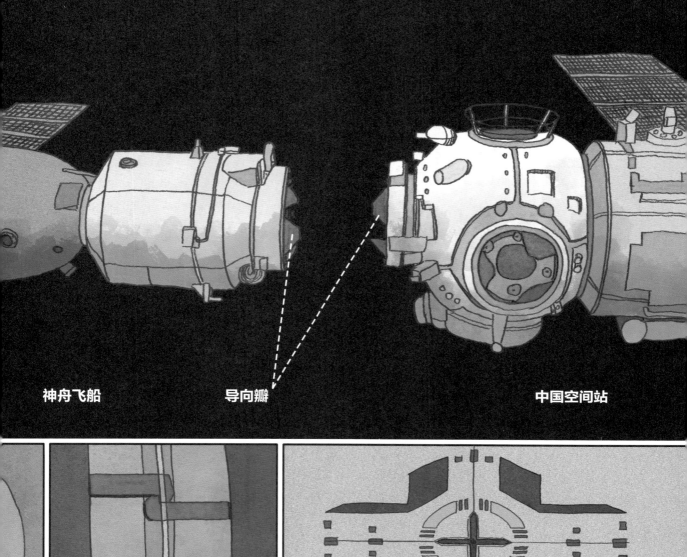

神舟飞船　　　　　导向瓣　　　　　中国空间站

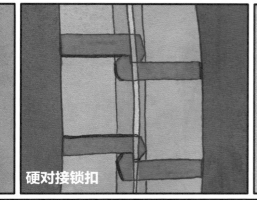

硬对接锁扣

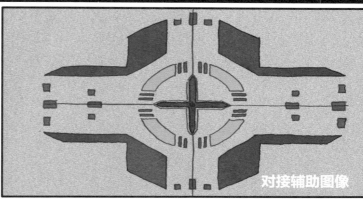

对接辅助图像

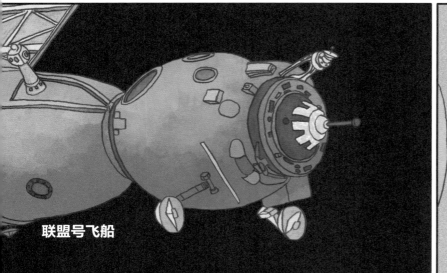

联盟号飞船

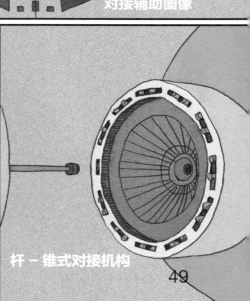

杆－锥式对接机构

中国空间站

中国空间站（也叫天宫空间站）的轨道高度范围为 340~450 千米，设计寿命为 10 年，长期驻留 3 人，总质量可达 180 吨。它包括天和核心舱、梦天实验舱、问天实验舱、神舟载人飞船和天舟货运飞船等多个模块。各模块既是独立的飞行器，具备独立的飞行能力，又可以与核心舱组合成多种形态的空间组合体，在核心舱的统一调度下协同工作，完成空间站承担的各项任务。

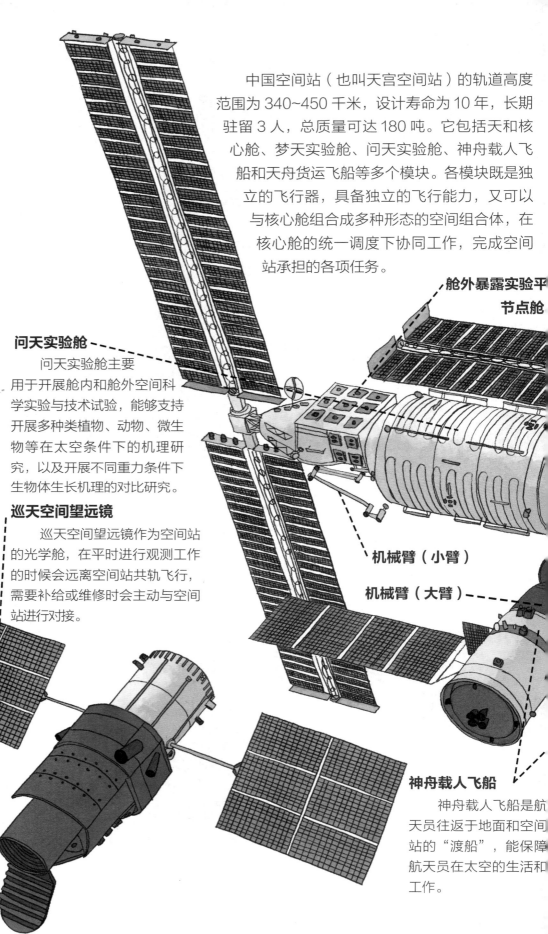

舱外暴露实验平
节点舱

问天实验舱

问天实验舱主要用于开展舱内和舱外空间科学实验与技术试验，能够支持开展多种类植物、动物、微生物等在太空条件下的机理研究，以及开展不同重力条件下生物体生长机理的对比研究。

巡天空间望远镜

巡天空间望远镜作为空间站的光学舱，在平时进行观测工作的时候会远离空间站共轨飞行，需要补给或维修时会主动与空间站进行对接。

机械臂（小臂）

机械臂（大臂）

神舟载人飞船

神舟载人飞船是航天员往返于地面和空间站的"渡船"，能保障航天员在太空的生活和工作。

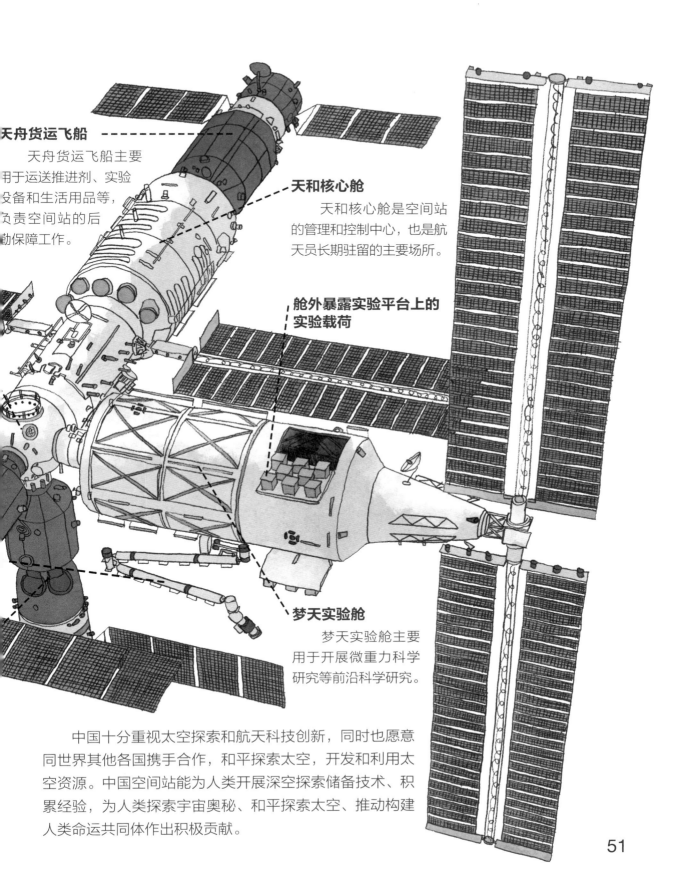

天舟货运飞船 - - - - - - - - - -

天舟货运飞船主要
用于运送推进剂、实验
设备和生活用品等,
负责空间站的后
勤保障工作。

天和核心舱

天和核心舱是空间站
的管理和控制中心,也是航
天员长期驻留的主要场所。

**舱外暴露实验平台上的
实验载荷**

梦天实验舱

梦天实验舱主要
用于开展微重力科学
研究等前沿科学研究。

中国十分重视太空探索和航天科技创新,同时也愿意
同世界其他各国携手合作,和平探索太空,开发和利用太
空资源。中国空间站能为人类开展深空探索储备技术、积
累经验,为人类探索宇宙奥秘、和平探索太空、推动构建
人类命运共同体作出积极贡献。

国际空间站

　　国际空间站始建于 1998 年，由 16 个国家共同建造。国际空间站上的科学实验项目涵盖物理科学、生物学与生物技术、技术开发与验证、人体研究、地球与空间科学、教育和文化活动六大研究领域。

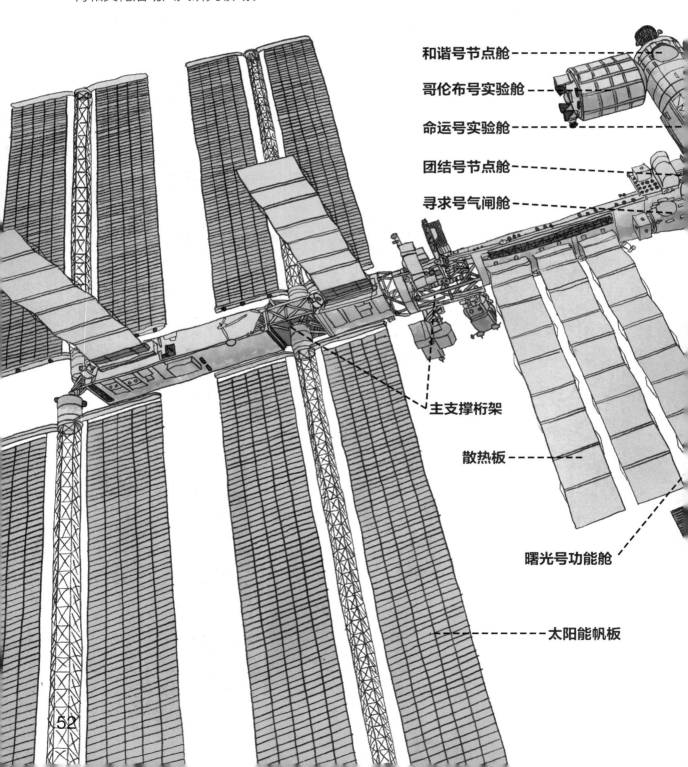

和谐号节点舱

哥伦布号实验舱

命运号实验舱

团结号节点舱

寻求号气闸舱

主支撑桁架

散热板

曙光号功能舱

太阳能帆板

52

希望号实验舱

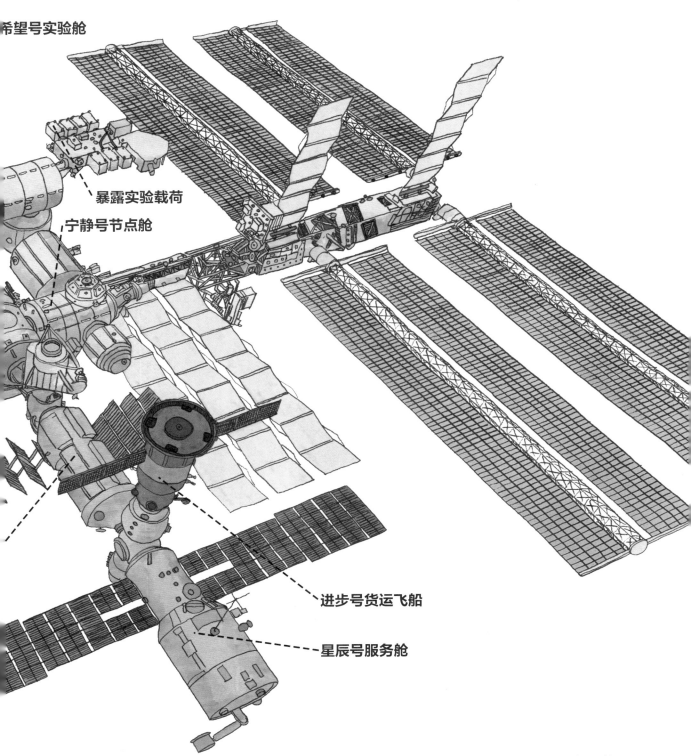

暴露实验载荷

宁静号节点舱

进步号货运飞船

星辰号服务舱

　　国际空间站属于桁架式结构，看似巨大，但实际上大部分组件为桁架、太阳能帆板、散热板等支持系统，而供航天员活动的加压舱段仅占国际空间站的不到一半。国际空间站已经运行了 20 多年，寿命将尽。如果国际空间站退役，那么中国空间站将是唯一可以开展空间实验的在轨航天器。

为什么建造空间站

建造一个功能齐全且完善的空间站要花费多少钱呢？

国际空间站的总投资超过 1500 亿美元，并且每年国际空间站的维护费用高达 40 亿美元（一说 60 多亿美元）。那么如此高的建造和维护成本，空间站为我们人类带来了什么？建造空间站划算吗？建造它的意义是什么呢？

看似投入巨大的空间站其实是比较划算的方案，因为它能做的事情很多，是单体航天器无法比拟的，它在国民科学、太空探索等诸多方面为人类创造了巨大价值。空间站里的环境是微重力环境，在里面可以做一些在地球上做不了的实验，主要科研实验内容可分为空间生命科学与生物技术、空间天文、微重力基础物理、空间材料科学等几大领域。

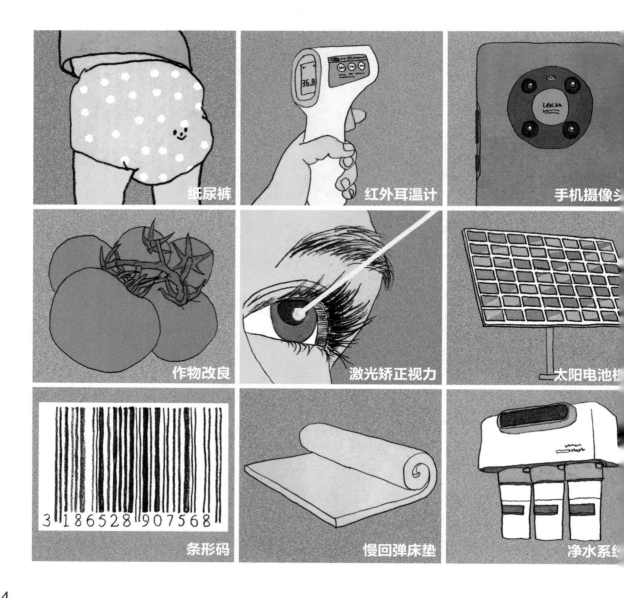

纸尿裤

红外耳温计

手机摄像头

作物改良

激光矫正视力

太阳电池板

条形码

慢回弹床垫

净水系统

我们生活中婴儿穿的纸尿裤一开始是为解决航天员穿航天服时的生理需求而发明的；为在太空中观察地球而发明的 CMOS（互补金属氧化物半导体）图像传感器是手机摄像头的核心部件；净水系统、微波炉、墨镜，甚至重症监护室、心脏起搏器等，也都与空间站所采用的航天技术密不可分。

空间站对航天技术要求非常严苛，这就会带动技术快速发展到非常高的水平。航天技术的快速发展和完善，又反哺到我们的生活当中，不过，这需要一个过程。

从长远来看，空间站带来的效益是高于其投入的。

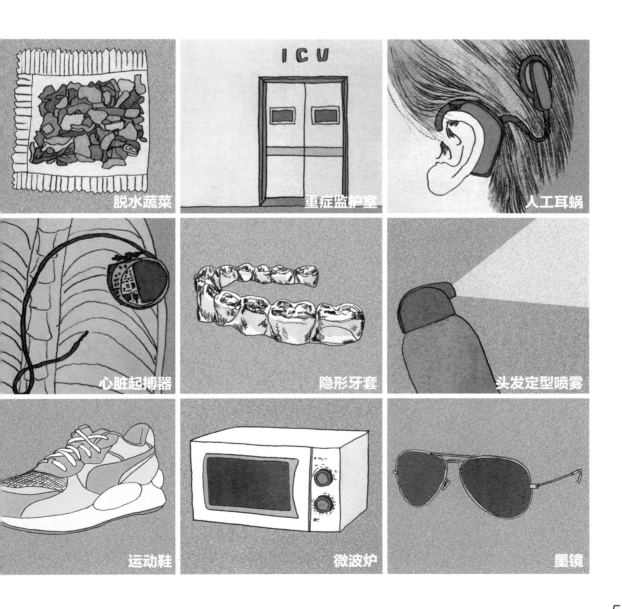

脱水蔬菜　重症监护室　人工耳蜗　心脏起搏器　隐形牙套　头发定型喷雾　运动鞋　微波炉　墨镜

舱内科学实验柜

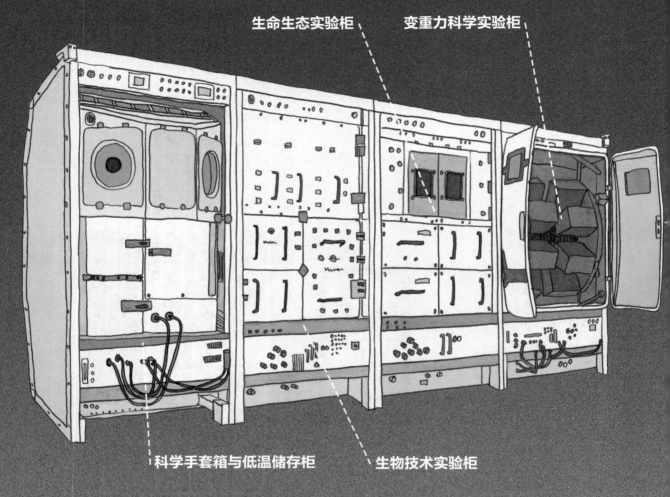

生命生态实验柜

变重力科学实验柜

科学手套箱与低温储存柜

生物技术实验柜

舱内科学实验柜组

空间实验室是空间站的重要组成部分，内部装有多种类型的科学实验仪器，是进行各种研究活动的地方。太空中的环境与地球上的环境有很大的区别，太空中环境的特点是微重力、低压，有强烈的紫外线照射，同时还有各种辐射，这些都是地球上的实验室无法比拟的。

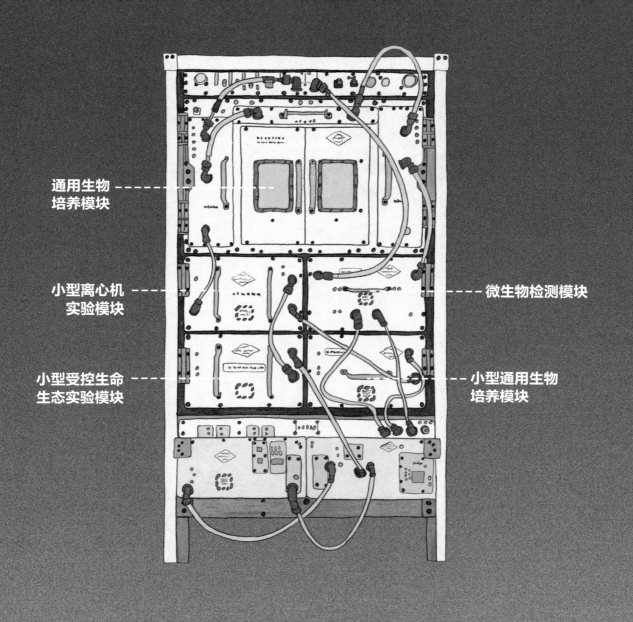

通用生物
培养模块

小型离心机
实验模块

微生物检测模块

小型受控生命
生态实验模块

小型通用生物
培养模块

生命生态实验柜

空间实验室有舱内科学实验柜和舱外暴露实验平台两部分。

舱内科学实验柜安装在空间站实验舱的内部，每个实验柜用于进行不同的实验，由航天员操作，在微重力的太空环境下，可以实现诸如冷火焰实验、生物生长实验、人工晶体合成实验等。例如：变重力科学实验柜可以模拟出月球、火星的重力，这为人类安全登陆这些星球提供了科学依据；生命生态实验柜里可以种植蔬菜和粮食作物等，这为载人深空航行提供了物质支持；科学手套箱与低温储存柜支持各类科学样品的隔离密闭存放和精细操作，并提供了低温储藏环境。

种菜养鱼

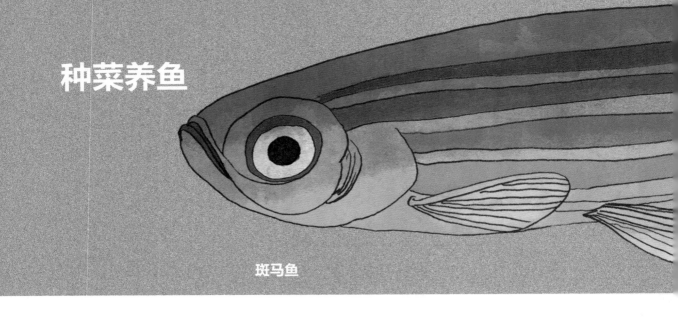

斑马鱼

在空间实验室的生命生态实验柜里放有植物培养箱和太空水族箱。

中国空间站的植物培养箱内种植的是水稻和拟南芥。水稻代表单子叶、短日照、禾本科植物，很多粮食类作物都属于禾本科。而拟南芥代表双子叶、十字花科植物，很多蔬菜都属于十字花科。一旦实现水稻、蔬菜的太空种植，航天员就可以吃上新鲜的食物，能在未来的深空探测任务中，一定程度上降低空间站、月球常驻基地，甚至火星基地的食物补给压力。

太空水族箱内饲养的是斑马鱼，斑马鱼体形小并且繁殖能力强，最主要的是斑马鱼基因与人类基因的相似度高达87%。它的生理、代谢和发育过程都与哺乳动物高度相似，能可靠模拟出人类的生理、病理过程。研究斑马鱼还能为人类在太空中的长期生活做准备。因为太空中的微重力环境，鱼儿分不清上和下，所以可以看到水族箱内的鱼儿以各种姿态游动，有的腹部朝上，有的尾巴朝下，很有意思。

植物培养箱

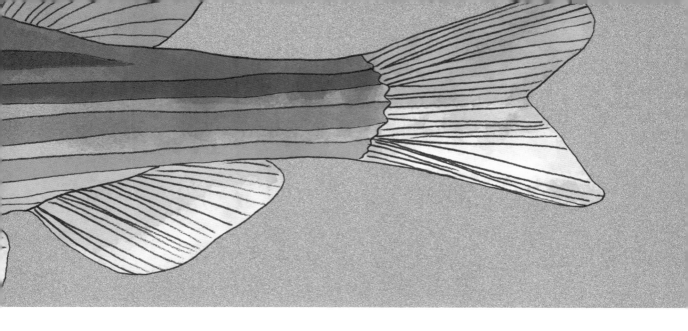

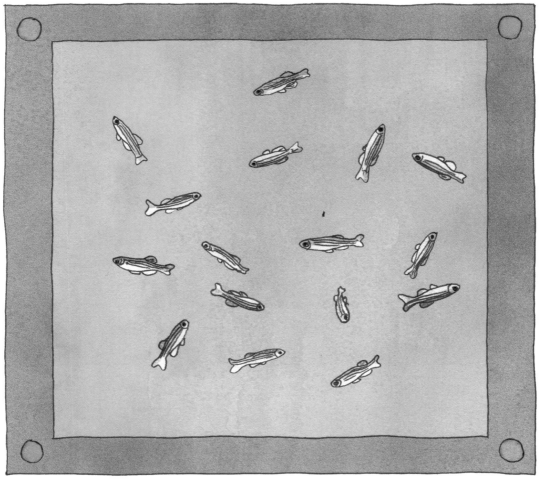

太空水族箱

舱外暴露实验平台

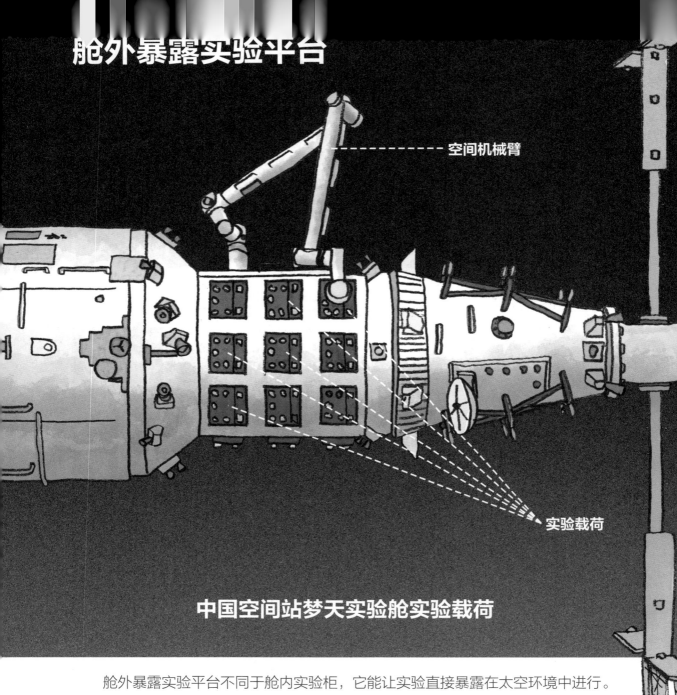

空间机械臂

实验载荷

中国空间站梦天实验舱实验载荷

　　舱外暴露实验平台不同于舱内实验柜，它能让实验直接暴露在太空环境中进行。
　　舱外暴露实验平台安装在空间站的外表面，它上面有很多的标准实验载荷接口，可使用空间机械臂将小型实验载荷连接到接口上，做到即插即用。

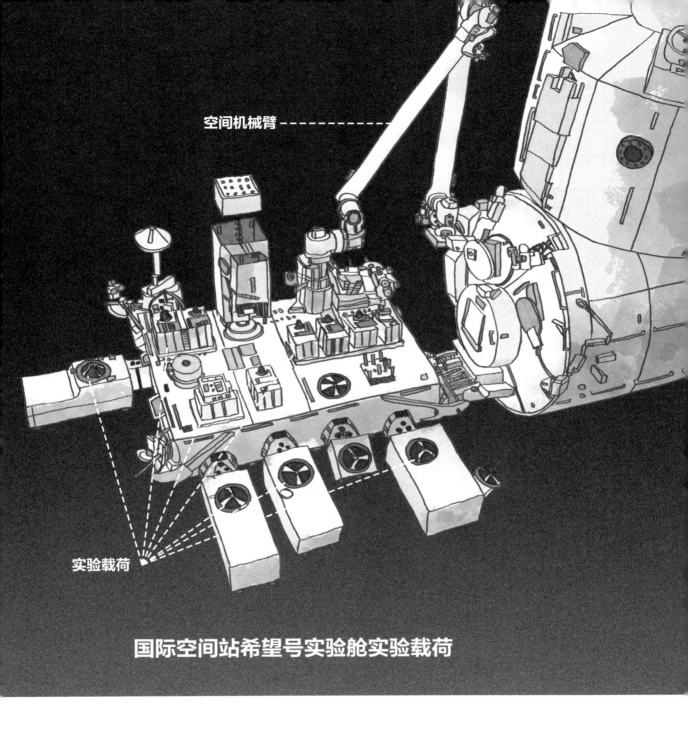

空间机械臂 - - - - - - - - - - - - -

实验载荷

国际空间站希望号实验舱实验载荷

61

加速、升高、转向

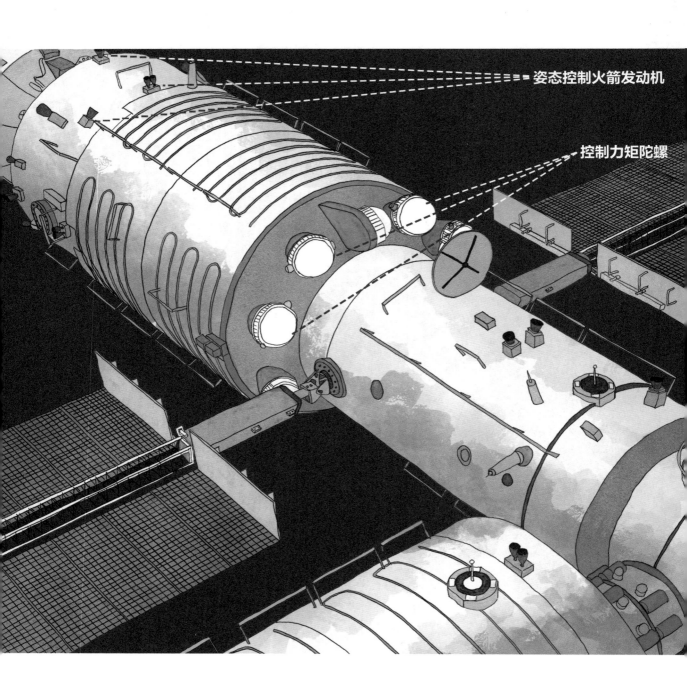

姿态控制火箭发动机

控制力矩陀螺

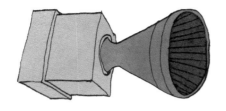

姿态控制火箭发动机

转子

离子发动机

距离地面 400 千米的太空中，仍然有微弱的大气阻力，会让空间站的速度慢慢降低，高度逐渐下降。这就需要空间站的推进系统重新提升高度。天和核心舱搭配了 4 台轨控发动机，负责提升中国空间站轨道高度。每次天舟货运飞船上太空的时候会带上推进燃料以进行定期补给，同时天舟货运飞船也会用自身的发动机推动中国空间站加速上升。

中国空间站上有几十台姿态控制火箭发动机，主要用于在中国空间站对接货运飞船、神舟系列飞船时让中国空间站精确调整到合适位置。

中国空间站的核心舱上装有 6 个凸起的圆球状控制力矩陀螺，它用高速旋转的转子来给中国空间站施加特定方向的扭矩，调整中国空间站的旋转角度。控制力矩陀螺消耗的是电能，因而可以完成在零燃料消耗条件下的航天器姿态控制任务。

离子发动机的工作原理是先将气态工质电离，并在强电场作用下将离子加速喷出，通过反作用力推动空间站进行姿态调整和机动变轨。离子发动机的推力只有 $0.5 \times 10^{-5} \sim 25 \times 10^{-5}$ 牛，仅能推动一张 A4 纸，但为何它能推动质量达上百吨的空间站呢？原因就是太空中几乎没有空气阻力，一点点的推力在长期积累后会变得很大，最终能推动空间站。它也是未来深空探测器的主要发动机之一。

通过这么多发动机的相互配合，空间站就可以实现在太空中加速、升高、转向了。

空间机械臂

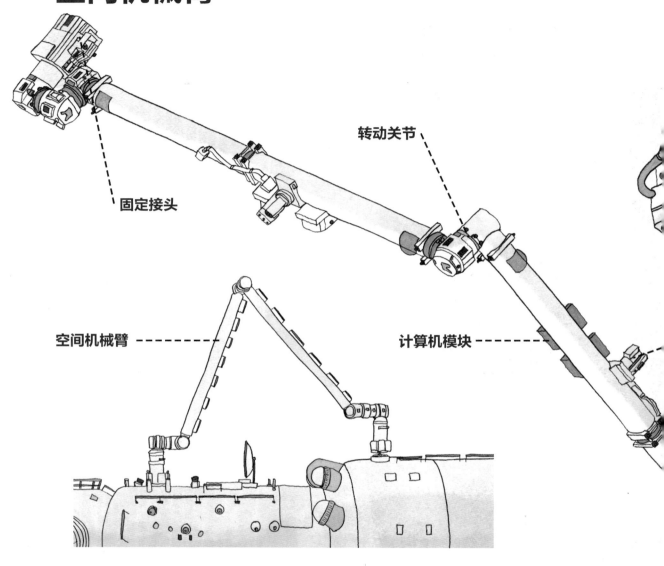

转动关节

固定接头

空间机械臂

计算机模块

在空间站舱外，可以看到一个或者多个长杆状的设备，这种设备叫作空间机械臂。

空间机械臂是空间站建设和维护的重要设备，由6～7个关节组成，可以灵活地在空间站外"爬行"。空间机械臂上装有高清摄像头，我们看到的很多空间站的图片都是由空间机械臂拍摄的，空间机械臂"自拍"也是在给空间站做舱体检查。除了拍摄，空间机械臂还有很多作用，比如托举航天员执行出舱维修任务，放置舱外暴露实验载荷，移动、安装实验舱，抓取飞船进行对接等。哈勃空间望远镜的维修工作，就是通过航天飞机上的空间机械臂托举着航天员进行的。可以说空间站舱外的工作，都少不了空间机械臂的帮忙。

我国的中国空间站上有两个空间机械臂，一个大臂、一个小臂，它们两个还可以连接形成一个更长的空间机械臂，以便开展更高难度的任务。

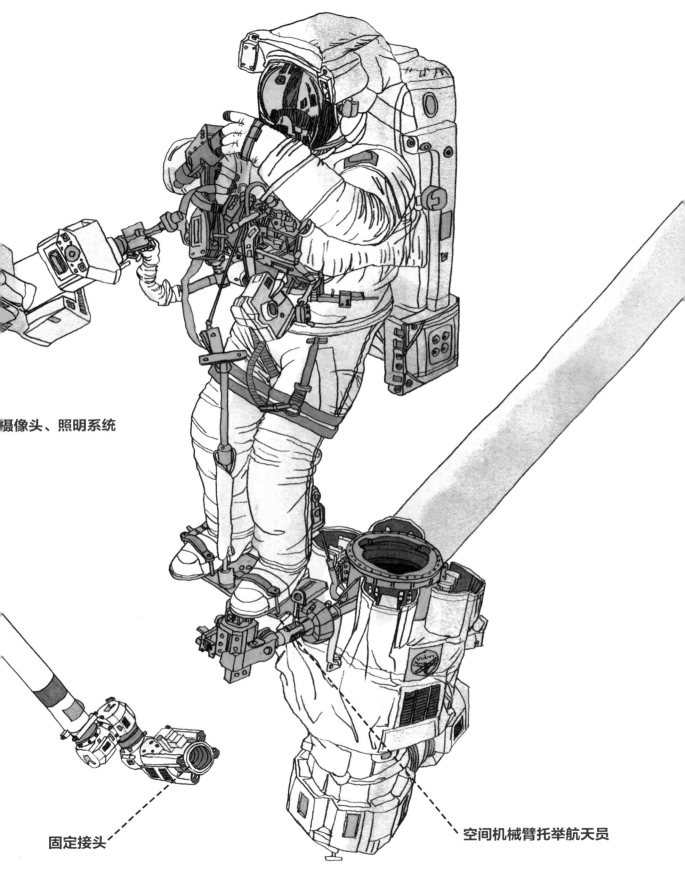

摄像头、照明系统

固定接头

空间机械臂托举航天员

舱外航天服

舱外航天服是保障航天员出舱活动的个人密闭装备。它具有保持航天员体温、保持压力平衡、阻挡强而有害的辐射、处理航天员的排泄物、提供氧及抽去二氧化碳等功能。它通常还配备安全绳或推进装置，供航天员进行太空行走时使用。

舱外航天服相当于航天员最小单元的航天器。

1. 舒适层
2. 备份气密层
3. 主气密层
4. 限制层
5. 真空屏蔽隔热层
6. 外防护层

飞天舱外航天服结构分层

目前能研制舱外航天服的国家只有美国、俄罗斯和中国。其高昂的研发和制作成本让很多国家对舱外航天服望而却步。

能够研制舱外航天服不仅代表着一个国家在高科技领域的尖端技术方面水平极高，更代表着一个国家拥有雄厚的经济实力。

头盔　通信天线

控制板

防护手套

安全绳

靴子

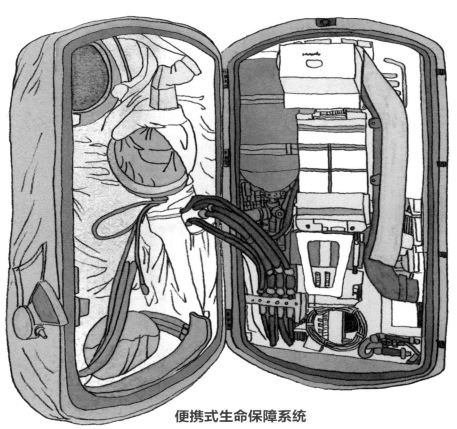

便携式生命保障系统

便携式生命保障系统是舱外航天服的重要部分，也是区别于舱内航天服的一个主要特征。它负责调节舱外航天服内部压力、供应氧气、过滤废气、循环通风、通信，还负责监测航天员身体的各项指标。

支撑环

舱外航天服有很多层，航天员穿着时行动很不方便。为了保证航天员在舱外航天服充气加压之后还能自如行动，在舱外航天服关键部位装有多个支撑环以将其撑起来。

纸尿裤

一次出舱任务的时长可达6小时甚至更长，其间航天员难免要小便，纸尿裤完美解决了航天员内急的问题。

后来，纸尿裤慢慢转为民用，走进了千家万户，变成了我们熟悉的"尿不湿"。

舱内航天服

　　舱内航天服是航天员在飞船座舱内（一般在飞船发射和返回地球时）穿的，如果座舱发生气体泄漏、减压等紧急状况，舱内航天服可迅速充气以保护航天员。

　　舱内航天服一般由头盔、压力表、通风装置和气管、压力手套、靴子、通信装置及一些附件组成。正常情况下，飞船会给舱内航天服通风，让航天员处在舒适的环境中。当出现紧急情况舱内气压下降时，舱内航天服会立即充气，保持稳定的气压，并向航天员输送氧气。

　　舱内航天服的造价要远低于舱外航天服。下图是航天员在返回舱内穿着舱内航天服执行返回地球任务的情景。在返回舱进入黑障区时极易出现舱内压力异常的状况，舱内航天服能充当航天员的防护罩，护送航天员顺利"回家"。

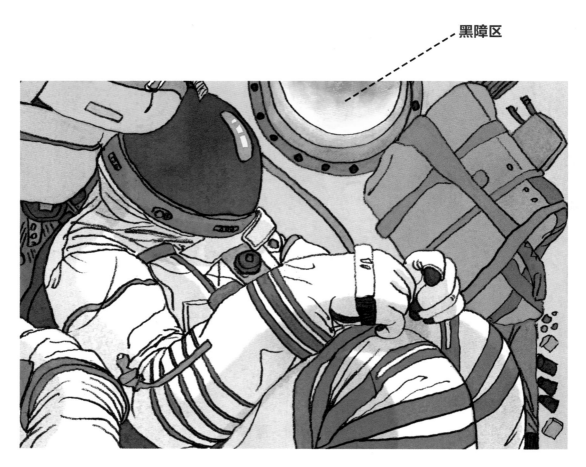

黑障区

返回舱内的航天员

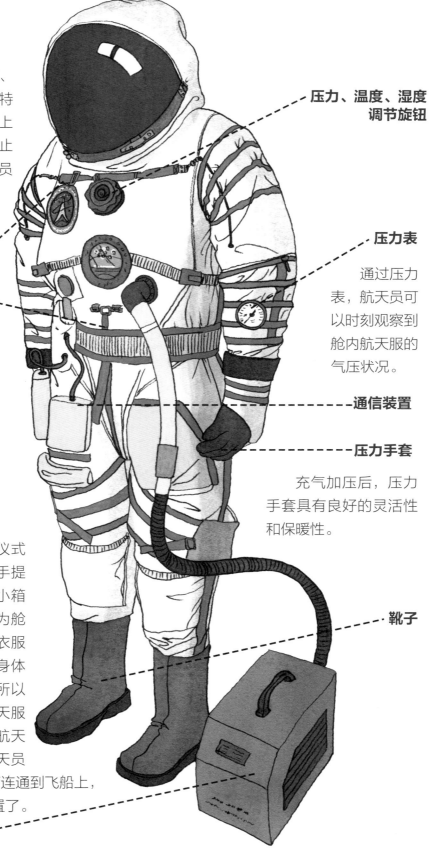

头盔

　　头盔具有隔声、隔热、抗冲击等特点。头盔防护面窗上有特殊涂层，能防止水汽凝结影响航天员视线。

压力、温度、湿度调节旋钮

压力表

　　通过压力表，航天员可以时刻观察到舱内航天服的气压状况。

调节拉带

　　可通过调节拉带（拉紧或放松）来实现航天服尺寸的转换，让不同身形的航天员将航天服调整到适合自己的形态。

通信装置

压力手套

　　充气加压后，压力手套具有良好的灵活性和保暖性。

　　在航天员出征仪式上，会看到航天员手提一个小箱子，这个小箱子是通风装置。因为舱内航天服不像普通衣服那样透气，航天员身体的热量无法散出，所以需要通风装置将航天服内的热气排出，让航天员保持舒适。待航天员进入飞船后，将气管连通到飞船上，就不再需要通风装置了。

靴子

通风装置

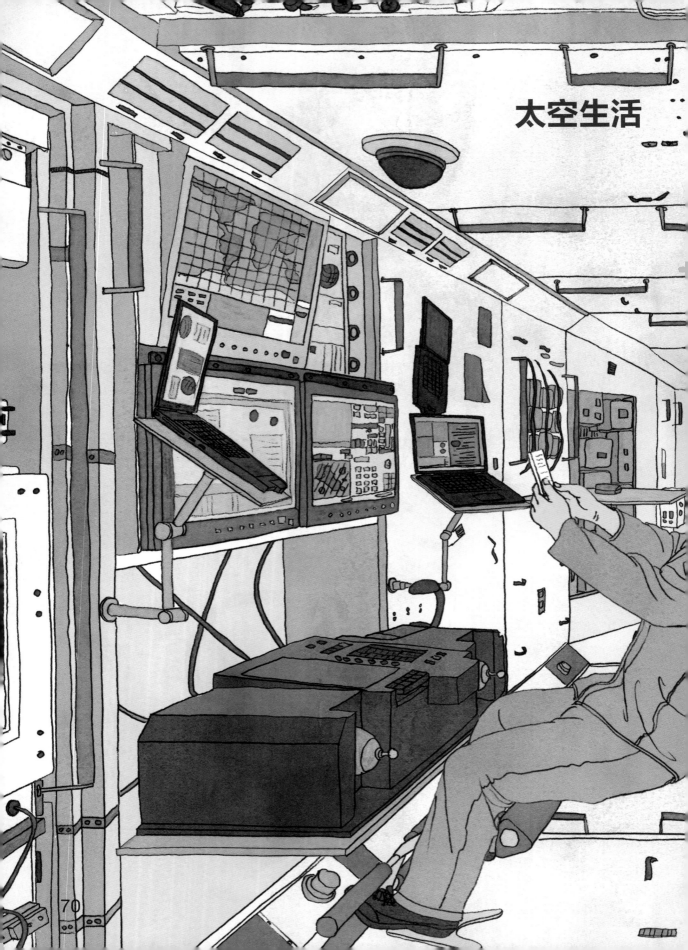

太空生活

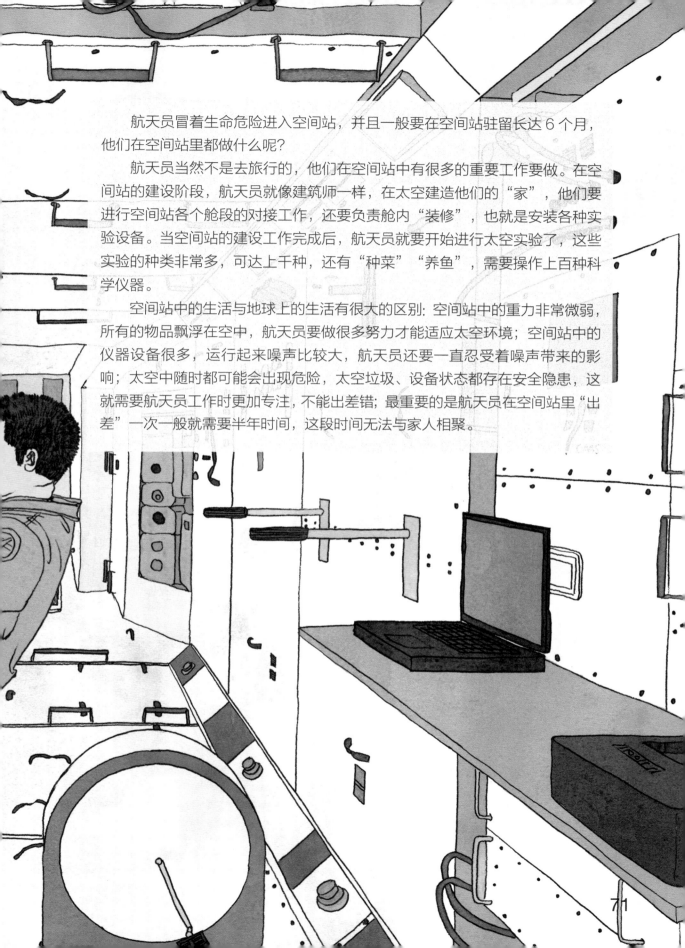

航天员冒着生命危险进入空间站，并且一般要在空间站驻留长达 6 个月，他们在空间站里都做什么呢？

航天员当然不是去旅行的，他们在空间站中有很多的重要工作要做。在空间站的建设阶段，航天员就像建筑师一样，在太空建造他们的"家"，他们要进行空间站各个舱段的对接工作，还要负责舱内"装修"，也就是安装各种实验设备。当空间站的建设工作完成后，航天员就要开始进行太空实验了，这些实验的种类非常多，可达上千种，还有"种菜""养鱼"，需要操作上百种科学仪器。

空间站中的生活与地球上的生活有很大的区别：空间站中的重力非常微弱，所有的物品飘浮在空中，航天员要做很多努力才能适应太空环境；空间站中的仪器设备很多，运行起来噪声比较大，航天员还要一直忍受着噪声带来的影响；太空中随时都可能会出现危险，太空垃圾、设备状态都存在安全隐患，这就需要航天员工作时更加专注，不能出差错；最重要的是航天员在空间站里"出差"一次一般就需要半年时间，这段时间无法与家人相聚。

因为空间站每 90 分钟绕地球一圈，一天能看到 16 次日出，所以航天员就不能"日出而作，日落而息"了，他们会采用与天地同步的作息时间。早晨，航天员一般 6 点起床洗漱，开始一天的工作，中午休息 1 小时，晚上 6 点"下班"，9 点之前就睡觉休息了。

在空间站里洗漱也很特别。因为水资源非常宝贵，所以航天员一般都是用湿毛巾擦脸；刷牙时用航天专用牙膏，刷完后的牙膏直接吞服；洗头发时用免洗洗发露，揉搓完头发就用发帽包裹起来吸干水分。

太空洗漱

航天员的食物都是经过特殊处理后装入真空袋中的，食用时拿出来加热一下就可以吃了。中国空间站的太空食品有 120 多种。食物讲究荤素搭配，包括水果、蔬菜、米饭，甚至炒菜，可谓样样齐全，让每名航天员都能吃到自己喜欢的食物。

在太空中上厕所不是一件容易的事情，由于重力微弱，排泄物不会自己流到小便装置或马桶里，因此太空厕所的小便装置或马桶都带有吸入装置。排出的尿液也不能浪费，尿液会通过一系列的过滤和消毒处理，最终变为可以再次饮用的水。

有时航天员还需要穿上航天服出舱进行太空行走，在空间站外完成设备安装、维修等任务。

由于太空中缺少足够大的重力，人体很容易骨质疏松、肌肉萎缩，因此航天员每天要进行 2 小时左右的健身，还要经常进行测骨密度等健康检查，以保持身体健康。

休息时航天员要钻进睡袋，因为微重力环境下，呼吸产生的力量都能推着人跑，所以要固定住身体才能睡得安全、睡得香。

太空健身

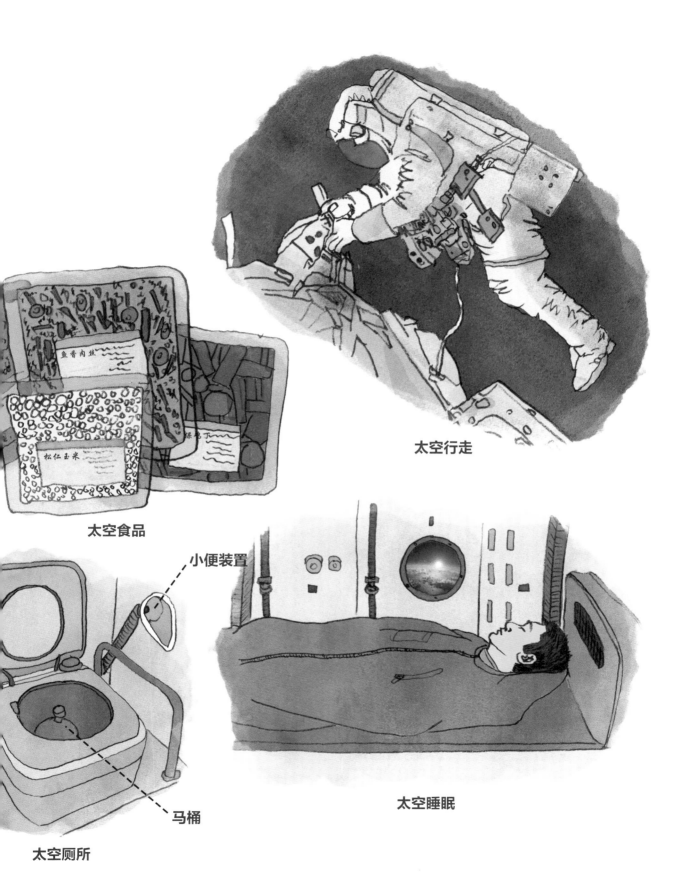

太空行走

鱼香肉丝

松仁玉米

绿豆下

太空食品

小便装置

马桶

太空厕所

太空睡眠

回家

返回舱-----

当航天员结束长达 6 个月的空间站工作后，他们需要乘坐载人飞船的返回舱返回地球。

航天员首先在空间站中穿好舱内航天服进入返回舱，然后控制飞船与空间站分离，开启制动火箭发动机制动减速。

推进舱会助推返回舱返回地球，在与返回舱分开之后，推进舱带着在空间站产生的垃圾在大气层烧毁，完成它的使命。

返回舱继续下降到离地面约100千米并进入大气层时，速度高达 7.9 千米/秒。返回舱与空气剧烈摩擦产生的热能让返回舱瞬间变成一个闪闪发光的火球，返回舱周围产生的一层等离子气体会把电磁波挡住，这时的返回舱会与地面失去联系，出现"黑障"现象，这种情况会持续4~5分钟。

在距离地面约 10 千米的高度时，返回舱会依次打开引导伞、减速伞和主伞。主伞伞面的大小足足有 1200 平方米，在返回舱降落时不能一下子全部打开，否则伞会被巨大的空气阻力"崩破"。

在距离地面 1 米的时候，返回舱启动反推发动机，下降速度降到 2 米/秒左右，最终返回舱安全着陆。

返回舱由高强度、耐高温的铝合金材料制成，外层还包裹着由玻璃纤维和有机合成树脂复合而成的蜂窝状烧蚀材料，可以在燃烧过程中带走大部分的热量，让返回舱内部的温度不会发生太大的变化。

在与空间站分离后，轨道舱依然会在太空轨道上运行 6~9 个月，充分发挥其余热。最后，轨道舱也会像推进舱一样，坠入大气层中烧毁。

主伞-----

----- 救援直升机

反推发动机

74

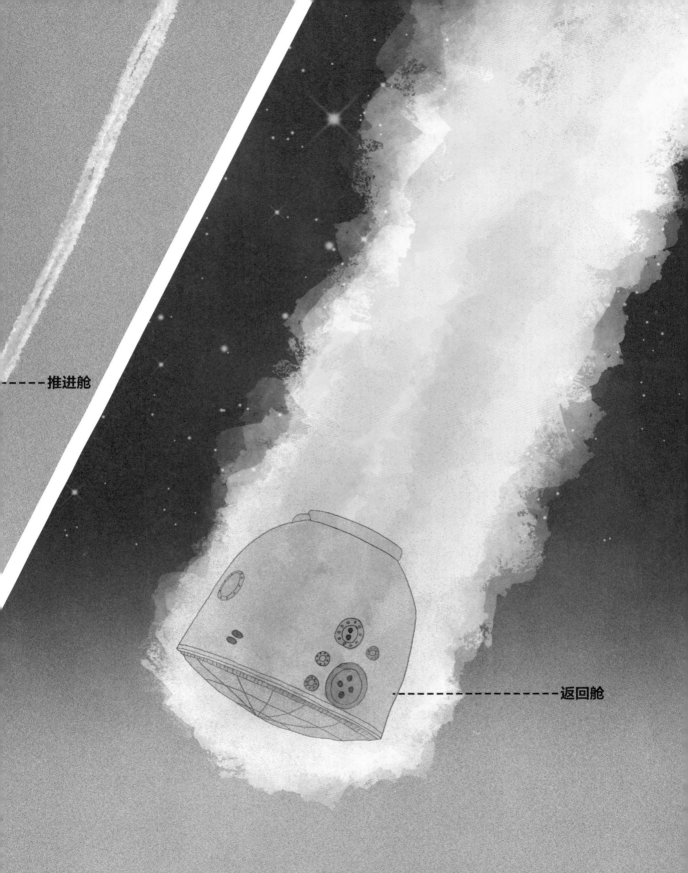

推进舱

返回舱

人造卫星

围绕行星（如地球）运行的无人航天器，就是人造卫星（简称卫星）。

地球四周的太空中运行着几千颗卫星，这么多的卫星都有什么用处呢？

我们现在的生活时时刻刻都离不开卫星，上网、打电话、导航、天气预报、资源勘探、抢险救灾、军事侦察、天文观测等，都需要各种各样的卫星的帮助。

"站得高、看得远"。在外太空，通过卫星可以实现超远距离传输信号，如电视直播、互联网"冲浪"、设备导航等；通过卫星俯瞰拍摄的照片可以预测天气、侦察信息；在没有大气的太空中，望向星辰大海的天文望远镜拍摄的画面更加清晰。

卫星飞行速度有多快？为什么它不会掉落下来？它的飞行轨道都有哪些？它的内部结构是怎样的？它又有哪些分类？

这些问题的答案就让我们通过接下来的内容一一揭晓。

卫星在太空中可以一直飞行，难道它是一直用发动机推动着前进的吗？当然不是，那么卫星为什么不会掉落下来呢？

太空中的卫星并没有一直开着发动机，而是仅仅依靠惯性飞行。由于太空中没有空气阻力，因此只要航天器达到一定的速度，就可以摆脱地球引力，环绕地球飞行，甚至飞出太阳系。我们称这个速度为宇宙速度。

第一宇宙速度是航天器围绕地球表面做圆周运动时的速度——约 7.9 千米/秒。这是卫星环绕地球所要达到的最低速度。

第二宇宙速度是航天器脱离地球引力场所需的最低速度——约 11.2 千米/秒。如果要去月球、火星等更远的星球，就要超越第二宇宙速度。

第三宇宙速度是航天器脱离太阳系引力场所需的最低速度——约 16.7 千米/秒。旅行者 1 号已经飞行了 40 多年，超越了第三宇宙速度，现在它已经飞离了太阳系。

太阳

第三宇宙速度：约 16.7 千米 / 秒
离开太阳系，飞向遥远的宇宙深处

第二宇宙速度：约 11.2 千米 / 秒
脱离地球，环绕太阳飞行

第一宇宙速度：约 7.9 千米 / 秒
环绕地球飞行

地球

- - - - - 地球轨道

轨道

卫星飞行的轨道叫卫星轨道。

高低轨道没有明确的划分界限，一般将距离地面小于 1000 千米的轨道称为低轨道，将距离地面 1000 ~ 20000 千米的轨道称为中轨道，将距离地面 20000 千米以上的轨道称为高轨道。

根据不同的用途，会给卫星选择不同的轨道，典型的卫星轨道包括近地轨道、中地球轨道、地球同步轨道、地球静止轨道、极地轨道、太阳同步轨道等。

按照轨道倾角大小，卫星轨道可分为赤道轨道、极地轨道、倾斜轨道。

按照地球自转方向，卫星轨道可分为顺行轨道、逆行轨道。

地球静止轨道
高度：35786 千米

地球静止轨道是一种特殊的地球同步轨道。虽然它们的高度都相同，但是地球静止轨道的轨道面与地球赤道面重合，且卫星飞行的方向与地球自转的方向相同，在地球上看这条轨道上的卫星是静止不动的。由于与地面相对静止，卫星不用频繁调整天线方位，因此在通信、导航、预警、气象等领域的卫星大都在该轨道上。

太阳同步轨道
高度：600 ~ 800 千米
（一说 600~1200 千米）

太阳同步轨道不是围绕太阳转动的轨道，而是指其轨道平面与太阳光入射方向的夹角始终保持固定的角度。无论什么时候，在卫星正下方的地球的太阳光入射角几乎相同，每次对地球某地拍摄的照片都是在同一角度取得的，通过对比不同时刻拍摄的同一角度的照片，可以获得有关地球的更多的信息。太阳同步轨道属于极地轨道。

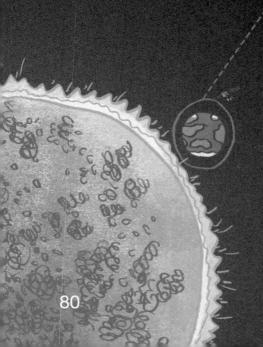

极地轨道的轨道面与地球赤道面相互垂直，卫星运行时能到达地球南北极的上空，加上地球的自转，卫星便能飞经全球各个地方的上空。需要在全球范围内进行观测和应用的气象卫星、导航卫星、地球资源卫星等会在这种轨道上运行。

N

S

近地轨道
高度：200 ～ 1200 千米

近地轨道是航天器距离地面高度较低的卫星轨道，因为轨道上仍有稀薄的大气，卫星会受到微弱的大气阻力影响，让运行在这种轨道上的航天器的高度逐步下降，所以航天器需要定期或不定期打开发动机提升高度。载人飞船、空间站、对地观测卫星和一些新型通信卫星等会在这种轨道上运行。

中地球轨道
高度：1200 ～ 3600 千米

中地球轨道兼具地球静止轨道和近地轨道的优点，可实现真正的全球覆盖和更有效的频率复用。但因为在中地球轨道上面分布着范艾伦辐射带，其中的高能粒子对卫星有一定危害，所以这种轨道上分布的卫星比较少。运行于中地球轨道的卫星大多是导航卫星。

地球同步轨道
高度：36000 千米左右

在这种轨道上，卫星环绕地球一周用的时间与地球上的一天相同，对地面而言，每天可以在相同的时刻在同一方向上观测到卫星。位于该轨道的卫星覆盖范围很广，3 颗

构造

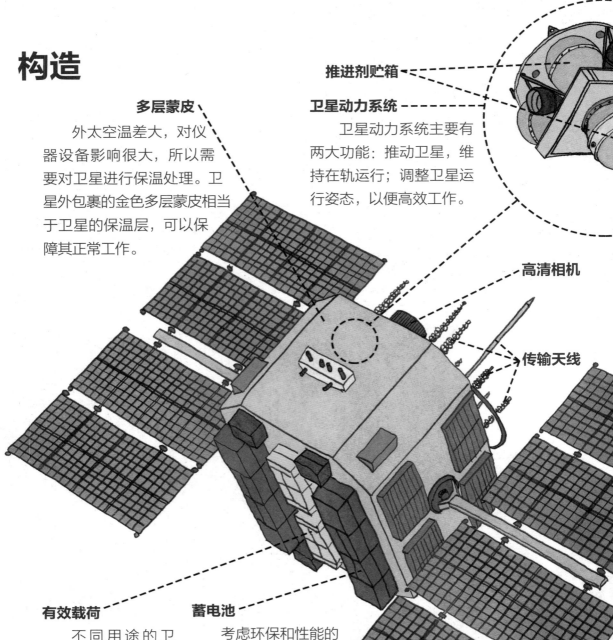

多层蒙皮

外太空温差大，对仪器设备影响很大，所以需要对卫星进行保温处理。卫星外包裹的金色多层蒙皮相当于卫星的保温层，可以保障其正常工作。

卫星动力系统

卫星动力系统主要有两大功能：推动卫星，维持在轨运行；调整卫星运行姿态，以便高效工作。

推进剂贮箱

高清相机

传输天线

有效载荷

不同用途的卫星搭载相应的有效载荷，例如通信卫星搭载无线电接收和转发设备等通信载荷，导航卫星搭载原子钟、转发器等导航载荷，天文卫星则搭载光学传感器、反射镜等载荷。

蓄电池

考虑环保和性能的卫星已经弃用镉镍电池和氢镍电池了，现代卫星使用锂电池供电。

太阳能帆板

太阳能帆板是人造卫星的发电装置，可以将太阳能转化成电能，为电池充电。

发动机

　　卫星由卫星平台和有效载荷两大部分构成。卫星平台是卫星的"骨骼"和"血液"，是有效载荷能够顺利工作的保障，它可为有效载荷提供全方位保护，防止有效载荷受到温度、辐射、撞击等方面的影响。卫星平台也是卫星的电力、动力、无线电遥测和无线电遥控等功能的提供单位。有时用一种卫星平台就可以安装多种有效载荷，这种卫星平台就叫"公用平台"。有效载荷则依据卫星功能而定，是卫星完成工作任务的主要设备。

　　由于卫星轨道上几乎没有空气阻力，因此科研人员不用考虑卫星的外形气动设计，只要考虑有效载荷的功能和尺寸大小（要能塞进火箭的整流罩内）就可以，所以不同种类卫星的形状各异。

　　在轨道上运行的卫星呈展开的状态，有长的、圆的、方的等各种形状的卫星，但是卫星在火箭内就不能"放飞自我"呈展开状态了。火箭的整流罩是长筒形状，卫星的天线、太阳能帆板、反光镜片等大型设备都需要折叠起来才能装进整流罩。当火箭发射进入太空，卫星与火箭分离的时候，卫星的太阳能帆板等设备才会展开，并开始工作。

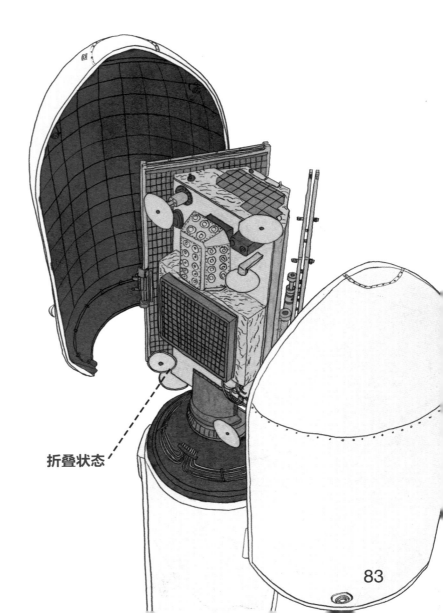

折叠状态

通信卫星

通信卫星，顾名思义就是可提供通信服务的卫星，它实质上是信号的中转站。

我们平日是通过移动通信基站通信的，但移动通信基站只能覆盖人群密集的地区，地球上大部分的地区是没有移动通信基站的，也就没有网络信号。而通信卫星可以覆盖全球的区域，在偏远的地区、一望无际的大海上，还有南极和北极等都没有移动通信基站，这些地方的信号就要利用通信卫星传输了。常见的电视直播、卫星电话、卫星宽带和军用无人机信号操控的数据传输等都需要通信卫星。

通信卫星是世界上应用最早、最广的卫星之一，许多国家都发射了通信卫星。中国东方红系列卫星、美国星链卫星等都是典型的通信卫星。

虽然通信卫星的覆盖范围很大，但是其通信带宽、容量都很小，不能像移动通信基站那样大容量传输信号，并且在室内几乎无法接收卫星信号，这就还需要在室外无遮挡处架设天线来接收信号。

随着科技的不断进步，通信卫星也在不断发展，新型的高通量通信卫星的通信带宽、容量提升了几十倍，相信在不久的将来，我们就能全面用上卫星网络，地球上也不会再有信号盲区了。

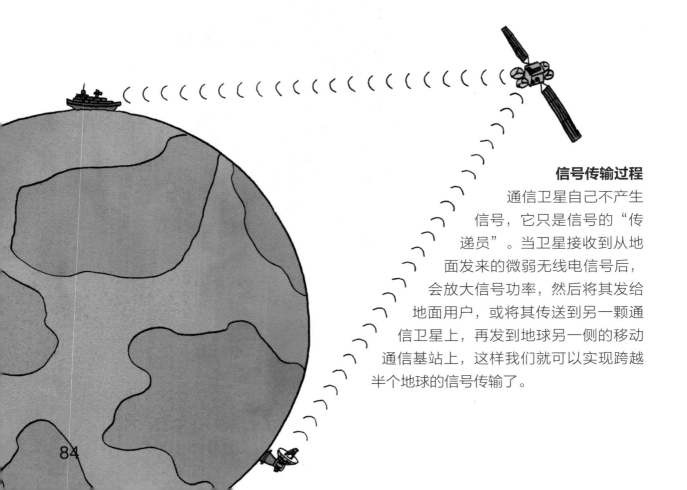

信号传输过程

通信卫星自己不产生信号，它只是信号的"传递员"。当卫星接收到从地面发来的微弱无线电信号后，会放大信号功率，然后将其发给地面用户，或将其传送到另一颗通信卫星上，再发到地球另一侧的移动通信基站上，这样我们就可以实现跨越半个地球的信号传输了。

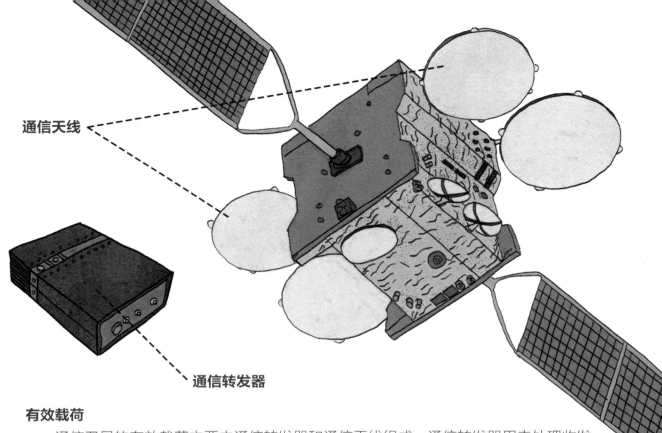

通信天线

通信转发器

有效载荷

　　通信卫星的有效载荷主要由通信转发器和通信天线组成。通信转发器用来处理收发信号，相当于通信卫星的"大脑"。因为它会先将接收到的地面信号进行降噪、放大处理，然后转发给地球上的用户，所以其性能直接影响卫星的工作质量。通信天线的功能则是接收信号和发送信号。

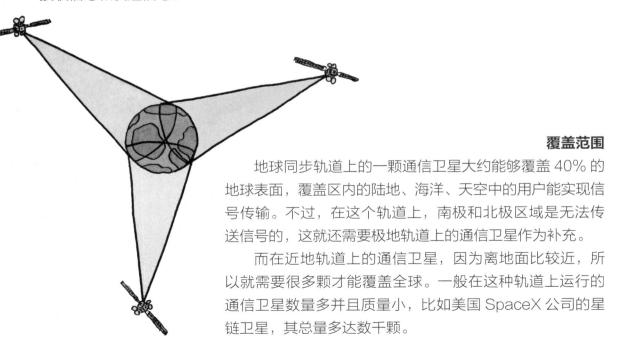

覆盖范围

　　地球同步轨道上的一颗通信卫星大约能够覆盖 40% 的地球表面，覆盖区内的陆地、海洋、天空中的用户能实现信号传输。不过，在这个轨道上，南极和北极区域是无法传送信号的，这就还需要极地轨道上的通信卫星作为补充。

　　而在近地轨道上的通信卫星，因为离地面比较近，所以就需要很多颗才能覆盖全球。一般在这种轨道上运行的通信卫星数量多并且质量小，比如美国 SpaceX 公司的星链卫星，其总量多达数千颗。

气象卫星

气象卫星是用于对地球进行气象观测的卫星。

气象卫星的有效载荷有很多种，其中包括中分辨率成像光谱仪、微波成像仪、大气探测仪、臭氧探测仪、地球辐射探测仪等。

现在的气象卫星功能强大，它不仅可以提供天气预报服务，还能监测森林火灾、台风、暴雨、沙尘暴、洪涝、干旱、雪灾等自然灾害，也能监测大气中二氧化碳、二氧化硫、二氧化氮、气溶胶等的浓度，甚至还能监测珊瑚礁、森林、高山冰川、永久冻土、全球洋流等的变化。气象卫星为我们人类的生存发展作出了极大的贡献。

气象卫星的轨道主要有两种：极地轨道和地球静止轨道。极地轨道上的气象卫星每隔 12 小时就可获得一份全球的气象资料，并且每天可以对同一地区监测两次；地球静止轨道上的气象卫星可持续不断地对同一地区进行监测，这很有利于对灾害天气的跟踪监测。两种轨道上的气象卫星相互补充，可以做到对全球的持续监测。

著名的气象卫星有我国的风云系列气象卫星、日本的向日葵系列和美国的地球静止轨道环境业务号气象卫星等。

地球资源卫星

地球资源卫星是用于勘测和研究地球自然资源与环境的卫星。

地球资源卫星能勘察农作物、森林资源、海洋资源、大气资源、矿产资源等，还能预报各种自然灾害、测绘地图、估计农作物的产量等。现今的地球资源卫星功能更为强大，它可以帮助动物学家观测了解如非洲大象、南极企鹅等野生动物的生活习性，也可以对破坏耕地、违法养殖、环境污染等违法行为进行监测。

地球资源卫星分为两大类：一是陆地资源卫星，二是海洋资源卫星。

地球资源卫星一般运行在太阳同步轨道，这样既可以对地球上的任何地点进行勘测，又能在每天的同一时刻经过同一个地区，实现定时、定点勘测。

我国的吉林一号、海丝一号等地球资源卫星都已经达到国际先进水平，历年来为我国甚至全球的国土勘测作出了巨大贡献。

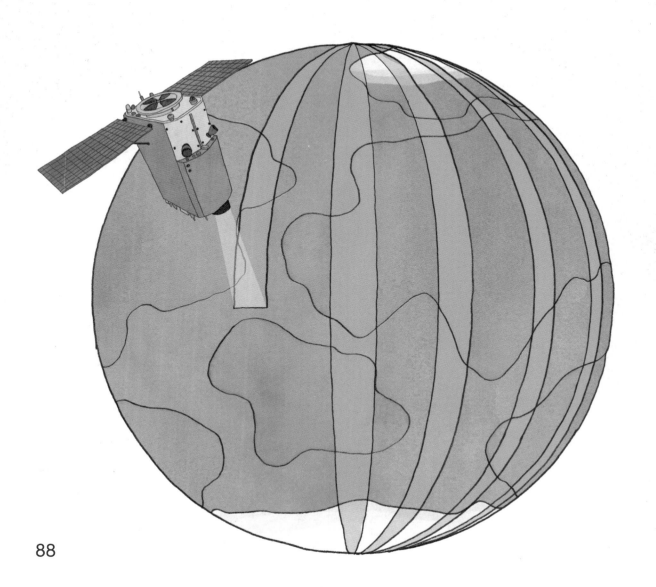

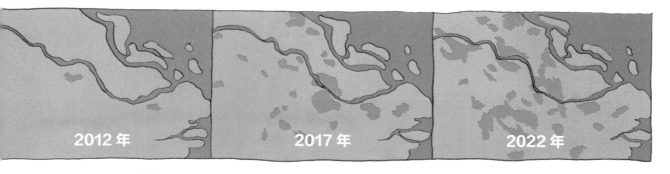

2012 年   2017 年   2022 年

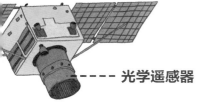

------ 光学遥感器

上图是地球资源卫星于 2012 年到 2022 年之间拍摄的森林遥感图像，其中红色标注部分代表森林被砍伐的区域，可以看出这 11 年间这一地区的森林遭到了持续性破坏。

地球资源卫星的有效载荷主要分为两大类：光学遥感器和微波全息雷达。

光学遥感器有高分辨率的摄像机、红外扫描仪等。摄像机的分辨率可达 0.3 米，甚至可以拍到路上的行人；红外扫描仪是通过探测地表物体红外辐射来分辨物体的光学遥感器，它可以在夜间进行探测，但是无法穿透云层。

微波全息雷达是人类借鉴蝙蝠的回声定位能力而研制的，它通过向物体发射电磁波对物体进行照射并接收其回波，获得物体的大小、形状、距离、速度、方位、高度等信息，然后经过计算机画出相应的遥感图像。

合成孔径雷达

左图是合成孔径雷达扫描的地面图像。这张黑白图像看上去非常不清晰，可是为什么要发射这样的雷达呢？

合成孔径雷达有其"独门绝技"，那就是它可以在夜晚进行探测，并且不受大气甚至建筑物遮挡的限制，对地面进行全天候的监测，这是光学遥感器所不及的。

图中红色方框内标注的是河流中的养殖箱，执法人员可以根据这张图像判断养殖场场主是否进行了违法养殖。因为很多养殖箱在水中，所以光学遥感器无法看清楚它们的形状和大小。

天文卫星

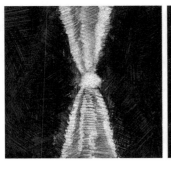

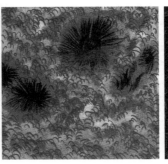

中子星　　　　　黑洞　　　　　太阳黑子　　　　　木星

天文卫星是用来观测宇宙天体和物质的卫星。

在太空中没有空气等的干扰，天文卫星可以拍摄到很清晰的天文图片，极大地开阔了人类的视野。例如，其拍摄的鹰状星云"创生之柱"展示了恒星诞生时的状态，人类利用它发现了中子星，它第一次拍摄到黑洞的图片，人类利用它观察太阳黑子对地球的影响，它拍摄到彗星撞木星，等等。天文卫星就像是人类安放在太空中的"千里眼"。

天文卫星的有效载荷包括红外线探测仪、紫外线探测仪、X射线探测仪和光学望远镜等。

天文卫星的轨道多数为近地轨道。因为其他天体距地球很远，增加轨道高度并不能提高天文卫星的观测质量，反而会消耗更多的火箭燃料，增加成本，所以天文卫星的轨道高度一般小于1000千米。

我国的天文卫星有慧眼卫星和未来即将发射的巡天空间望远镜，美国的哈勃空间望远镜、韦布空间望远镜是世界上著名的天文卫星。

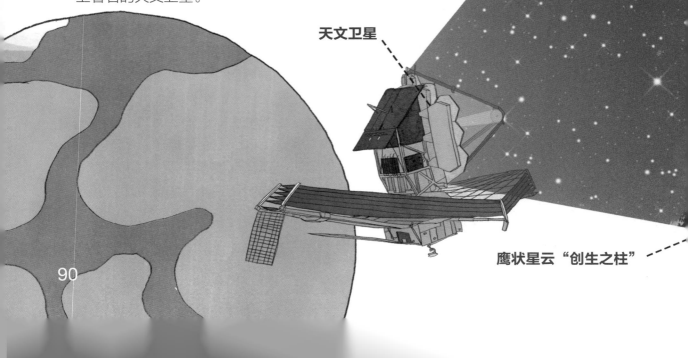

天文卫星

鹰状星云"创生之柱"

91

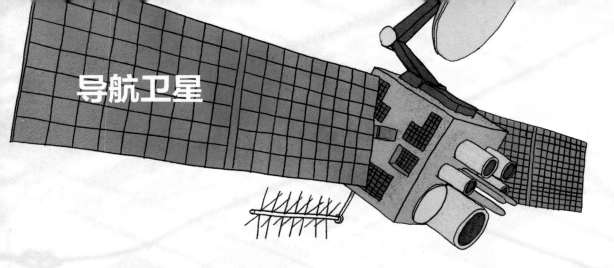

导航卫星

导航卫星是能为地面、海洋、空中和空间用户提供导航定位服务的卫星。

导航卫星有三大功能：授时功能，导航卫星可以为天文台、无线电数据通信等场合提供服务；导航功能，手机的导航功能就是导航卫星提供的服务；定位功能，目前导航卫星的定位精度最高能达到 0.1 米，在工程测量、大地测量等领域有广泛的应用。

导航卫星最重要的有效载荷是原子钟，到 2019 年，精度最高的原子钟——光钟，有着 160 亿年偏差不到 1 秒的精度。那么如此高精度的原子钟和导航定位有什么关系呢？

卫星导航的关键工作之一是计算卫星与地面目标的距离，而距离 = 速度 × 时间，这里的速度为无线电传播速度（约为光速），即 30 万千米 / 秒左右，如此快的速度下传播过程就是一瞬间，所以想测量时间就必须使用精度非常高的原子钟。当原子钟显示出了传播时间后，将其乘 30 万千米 / 秒便可以计算出卫星与目标之间的距离了。如果原子钟的误差达到 0.01 秒，那么计算结果的误差就会高达 3000 千米，所以原子钟精度越高，定位越准确。目前原子钟的种类有铯原子钟、氢原子钟、铷原子钟、锶原子钟等。我国科学家研制的锶原子钟能达到 72 亿年仅差 1 秒的精度，是世界上精度最高的原子钟之一。

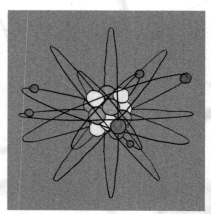

原子

原子钟

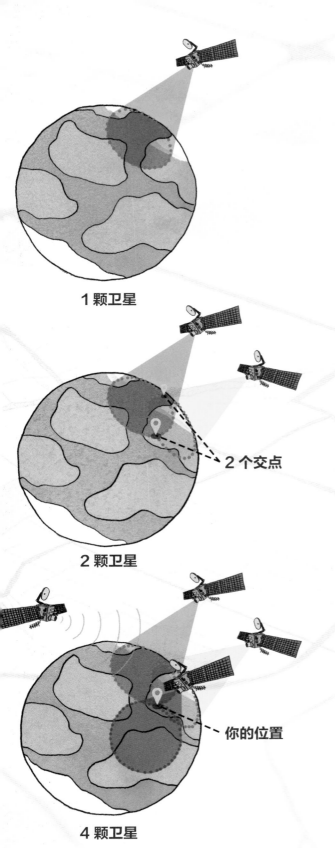

1 颗卫星

2 个交点

2 颗卫星

你的位置

4 颗卫星

1 颗卫星： 当 1 颗导航卫星计算出其与目标之间的距离之后，还不能知道目标的位置，因为在地球上和卫星之间有着同样距离的位置可能有无数个，这些位置在地面上形成了一个"圆圈"（见左图红点），所以还需要第二颗导航卫星的帮忙。

2 颗卫星： 当第二颗卫星也以同样的方法得出目标可能所在的位置后，2 个"圆圈"就有 2 个交点，可以把目标位置的范围缩小到这 2 个点上。

3 颗卫星： 这 2 个交点谁表示准确位置呢？这时就需要引入第三颗导航卫星，再"画"一个"圆圈"，这样就可以对目标的位置进行定位了。

4 颗卫星： 可是这还没有结束，受地球大气的影响，无线电传播的方向和速度会有一定的变化，其传播到目标的时间也会有偏差，定位精度也就降低了。所以还需要第四颗卫星协助它们来计算时间、校准偏差，这样定位出来的位置就非常准确了。

导航卫星的轨道一般选择中地球轨道。无论是从发射卫星的数量，还是从发射成本来说，这个轨道都是个很好的选择。

我国的北斗卫星导航系统是继美国的 GPS（全球定位系统）、俄罗斯的格洛纳斯导航卫星系统、欧洲的伽利略导航卫星系统之后的全球第四大导航系统，目前发展势头强劲。

归宿

卫星达到工作年限后，其有效载荷会老化，无法正常工作，"寿终正寝"的卫星就变成太空碎片了。这些太空碎片如果不做处理，会一直在原轨道飞行，如我国于 1970 年 4 月 24 日发射的第一颗卫星东方红一号，其在轨只正常工作了 28 天，可是直到现在，它依然在轨道上飞行。太空碎片的增多会占用有限的轨道资源，并且也会对其他正常运行的卫星造成撞击的危险，甚至威胁到航天员在舱外活动时的生命安全。

当卫星报废后，应该怎样处理呢？还像以前一样弃之不管吗？当然不是。目前，报废卫星的处理主要有 3 种方式：降落烧毁、坠入尼莫点、推入墓地轨道。

在近地轨道运行的卫星报废后可让其减速坠到地球，其会在坠落过程中在大气层中燃尽。这种处理方式最为彻底，卫星几乎没有任何残留。

但是如果卫星体积较大，在坠落的过程中无法烧毁怎么办？科学家会控制这样的卫星掉落在南太平洋的尼莫点。这里是地球表面距离陆地最远的地点，其所处海域的人类活动及其他生物活动稀少，是理想的卫星坠落地区。

在高轨道上运行的卫星如果让其减速并脱离原本的轨道需要大量的燃料，这种情况下，我们就不会让它们减速并坠入地球，而是将它们推向更高的轨道，即"坟墓轨道"。这条轨道距离地面约 36300 千米，这里"埋葬"着大量报废的卫星。

这 3 种方式也就成了卫星的最终归宿。

坟墓轨道 ----------

降落烧毁

尼莫点

深空探测器

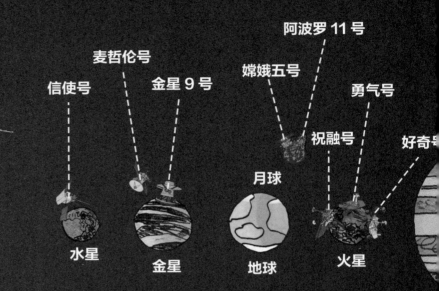

阿波罗 11 号

嫦娥五号

麦哲伦号

信使号　　　金星 9 号　　　勇气号

祝融号

好奇号

月球

太阳　　　　　水星　　　　金星　　　地球　　　火星

　　　深空探测器不在环绕地球的轨道上运行，而是摆脱地球引力飞向深空进一步探测外层空间。

　　　深空探测器包括月球探测器、太阳探测器、彗星探测器、行星探测器以及宇宙探测器等。

　　　深空探测的目的有：促进开发太阳系中的资源，如在月球、火星上建立永久性空间基地以获取宝贵的矿产资源；通过对各大行星探测形成的研究，考察地球形成的历史，探索生命的起源；对更远的太阳系之外进行观察和探测，以发现更多的新天体，揭开宇宙演化的奥秘，寻觅地外生命的踪迹；等等。

　　　截至目前，人类已发射的深空探测器全部在太阳系范围内，即使飞离地球 230 亿千米以外的旅行者 1 号探测器，依然没有飞离太

先驱者 10 号　　旅行者 1 号

旅行者 2 号

伽利略号　　卡西尼号　　惠更斯号

土卫六

新视野号

木星　　　　　　土星　　　　　　　天王星　　海王星

　　世界上著名的深空探测器有美国的旅行者 1 号、旅行者 2 号、麦哲伦号、新视野号、伽利略号等；苏联的金星系列探测器、月球 3 号等。虽然我国的深空探测起步较晚，但发展速度惊人，嫦娥系列、天问一号等深空探测器都是零失败。在不久的将来，我国将对小行星、木星、金星、土星、天王星等展开全面的探测，并且规划了飞离太阳系的深空探测任务。

　　深空探测器要摆脱地球引力即其飞行速度达到第二宇宙速度才能到达更遥远的星球，如果仅靠发动机的推动，会消耗大量的燃料，那深空探测器什么时候发射最合适呢？有没有更好的办法让探测器加速呢？它们各自都带有什么任务呢？

发射窗口

航天器的发射需要选择相应的发射时机。允许航天器发射的时间范围称为发射窗口。航天器发射窗口的确定，需要考虑航天器的运行轨道、工作条件、天体运行规律、空间碎片走向、地面测控通信和气象状况等因素。

航天器的发射窗口一般有4种。

1. 年计窗口。它是以指定的某一年内连续几个月的形式表示，适用于行星探测任务。如天问一号火星探测器的发射窗口就是年计窗口。

2. 月计窗口。以确定的某个月内连续几天的形式表示，适用于行星和月球探测任务。比如发射月球探测器，基本上是在一个月的月初或是月末发射。

3. 日计窗口。以一天内某一时刻到另一时刻的区间表示，对于一般卫星的发射，只需规定日计窗口。

4. 零窗口。载人航天器需要同时满足飞船工作条件和航天员的安全及救生要求，所以它的发射窗口要求极为精确，甚至需要达到分秒不差的程度。

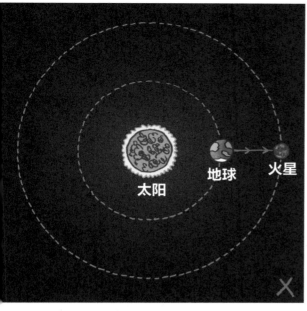

"两点之间，直线段最短"，直线段是我们去到某个地方距离最短的路线。例如左图中显示的是地球与火星绕行到两者之间距离最短的时候，那么在这个时候是不是航天器的最佳发射窗口呢？

然而，并不是。发射航天器不仅要考虑距离，还要考虑时间、燃料、行星引力等因素。火星探测器到达火星需要航行 4.7 亿千米的路程，持续飞行长达 9 个月，且并非以直线方式飞向火星。在地球引力和发动机推力的双重作用下，它的轨道是一条曲线（下图红色轨道），这条轨道叫作"霍曼转移轨道"，它是最省燃料的一种轨道。

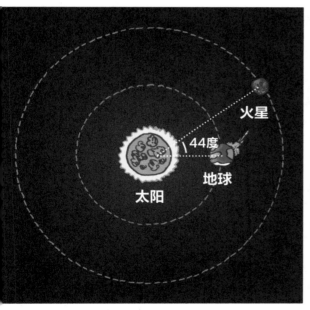

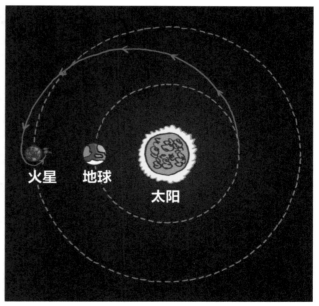

经计算，当"地火最近"，并且地球和太阳、火星和太阳之间的连线的夹角约为 44 度的时候，是发射航天器到火星的窗口。火星的发射窗口每 26 个月出现一次，如果错过发射窗口，则需等待 26 个月后才能再次发射。所以航天器发射的时间控制非常严格。

发射航天器到火星，就像是足球比赛时的传球动作，需要预判队友的跑位，抓住时机踢出足球。2020 年 7 月是火星探测器的发射窗口，在这期间，阿联酋的希望号、我国的天问一号和美国的毅力号火星探测器相继成功发射。

引力弹弓

　　人类在探索宇宙的过程中能走多远，取决于航天器的速度，但在现实中使用化学燃料推进的航天器很难摆脱地球引力甚至太阳引力，那该怎样继续提升速度呢？

　　1918 年，苏联科学家尤里·康德拉图克提出了"引力弹弓"效应，人类用此效应顺利地将航天器的速度提升至第二宇宙速度，甚至第三宇宙速度，我们因此可以走出太阳系，去探索更为广阔的星辰大海。

引力弹弓效应是指利用行星或其他天体的引力改变航天器的速度和轨道。当航天器想借助引力弹弓加速时，需要先飞向一颗行星，在到达行星引力场时，航天器会受到行星引力的影响向前加速，此时加上航天器自身的动力，航天器会被飞快地"甩"向下一个目标。引力弹弓就像把宇宙中的星球当作一个个的"加速站"，航天器可以一次接着一次地加速，只需要极少的燃料便能够进行长距离的星际航行。

旅行者 1 号探测器借助木星和土星的引力获得了足以完全摆脱太阳引力的速度，其速度达到了 17 千米 / 秒，已超第三宇宙速度（约 16.7 千米 / 秒）。它已经航行到离太阳系边缘不远的地方了，在未来它有望成为第一个飞出太阳系的航天器。

通过引力弹弓效应也可实现航天器的减速，如水手 10 号以及信使号通过引力弹弓效应实现了减速。

深空探测器

引力加速

行星

行星轨道

探测器轨道

构造

深空探测器不同于人造卫星，它需要摆脱地球引力飞向其他天体，而且深空探测器必须要具备远距离航行、长时间工作等能力，所以它要携带很多的燃料，并且要有巨大的天线与地球保持联系，还要有强劲、持久的电池提供动力。飞往太阳系边缘的旅行者1号、新视野号、毅力号等深空探测器搭载的核电池就能在无光照情况下持续为探测器提供动力。

深空探测器的有效载荷有很多种，大致可分为通信类、遥感类、导航类、科学类等。面对不同的任务搭载不同的有效载荷。

下图是新视野号深空探测器的结构，右页图是毅力号火星车的结构。

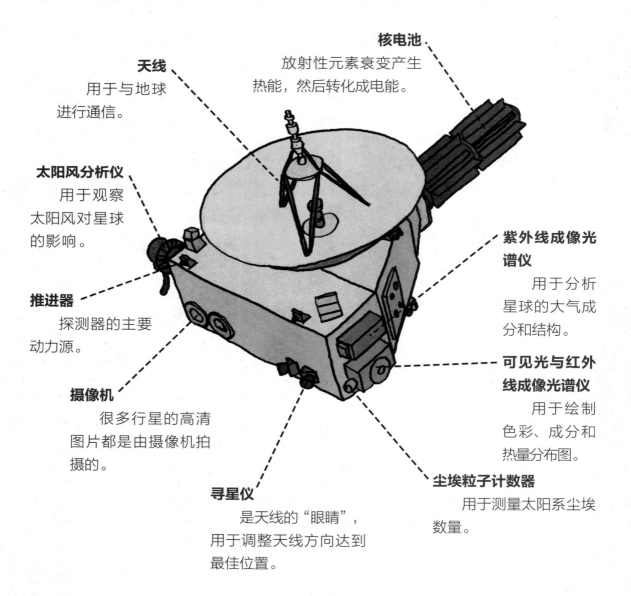

天线
用于与地球进行通信。

核电池
放射性元素衰变产生热能，然后转化成电能。

太阳风分析仪
用于观察太阳风对星球的影响。

推进器
探测器的主要动力源。

摄像机
很多行星的高清图片都是由摄像机拍摄的。

寻星仪
是天线的"眼睛"，用于调整天线方向达到最佳位置。

紫外线成像光谱仪
用于分析星球的大气成分和结构。

可见光与红外线成像光谱仪
用于绘制色彩、成分和热量分布图。

尘埃粒子计数器
用于测量太阳系尘埃数量。

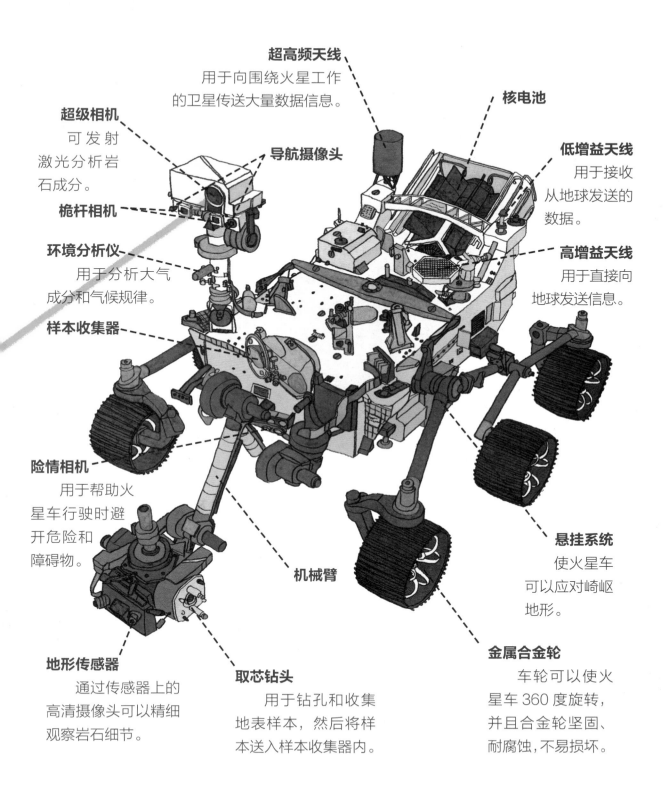

超高频天线
用于向围绕火星工作的卫星传送大量数据信息。

核电池

超级相机
可发射激光分析岩石成分。

导航摄像头

低增益天线
用于接收从地球发送的数据。

桅杆相机

环境分析仪
用于分析大气成分和气候规律。

高增益天线
用于直接向地球发送信息。

样本收集器

险情相机
用于帮助火星车行驶时避开危险和障碍物。

悬挂系统
使火星车可以应对崎岖地形。

机械臂

金属合金轮
车轮可以使火星车 360 度旋转，并且合金轮坚固、耐腐蚀，不易损坏。

地形传感器
通过传感器上的高清摄像头可以精细观察岩石细节。

取芯钻头
用于钻孔和收集地表样本，然后将样本送入样本收集器内。

太阳探测器

太阳是一颗恒星，太阳系内的行星都是环绕它运行的，我们地球上的能量绝大部分来源于太阳。太阳很大，体积约是地球的 130 万倍，质量占太阳系总质量的 99.86% 左右，其内部不断地进行原子核聚变反应而产生大量的热能。按照由里往外的顺序，太阳由核心、辐射区、对流层、光球层、色球层、日冕层构成。太阳的磁场活动频繁，太阳活动会产生很多影响，包括太阳黑子、太阳耀斑、太阳风。因为太阳活动，地球两极地区出现了漂亮的极光，同时太阳活动也会扰乱无线电通信和电力系统。

美国于 2018 年发射的帕克太阳探测器是第一个到达太阳日冕层的探测器。它的目的就是观察太阳日冕的活动。帕克太阳探测器先围绕金星飞行 7 次，然后围绕太阳飞行 24 次，每一圈都更接近太阳，直到到达目标轨道。发射帕克太阳探测器主要想弄清 3 个问题：为什么太阳光球层的温度比日冕层的温度低很多；太阳风形成的过程以及太阳风高达数百万千米每小时的速度的成因；高能太阳粒子来源何处。为了近距离观测炙热的太阳，帕克太阳探测器拥有一个厚度达 12 厘米的碳复合保护罩，这个"大盾牌"可以遮挡太阳辐射，让探测器稳定运行。

我国的太阳探测器有 2021 年发射的羲和号和 2022 年发射的夸父一号，它们都运行在地球的太阳同步轨道上。羲和号太阳探测器的有效载荷主要为太阳空间望远镜，它负责从光学层面对太阳进行观测。夸父一号的有效载荷有全日面矢量磁像仪、莱曼阿尔法太阳望远镜和硬 X 射线成像仪，它们分别用于观测太阳磁场、日冕物质抛射和太阳耀斑。

著名的太阳探测器还有 SOHO（索贺太阳和日球层探测器）、起源号、尤利西斯号、阳光号等。

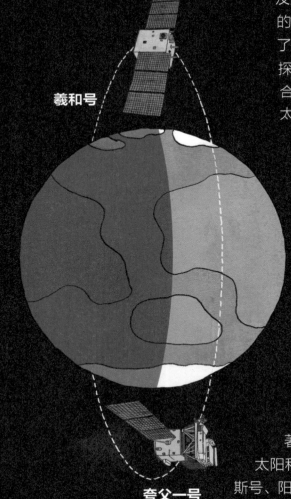

羲和号

夸父一号

帕克太阳探测器

月球探测器

　　阿波罗计划，是美国在 1961 年到 1972 年组织实施的一系列载人登月飞行任务。据美国官方统计，参加阿波罗登月工程的有 2 万多家企业、200 多所大学和 80 多个科研机构，总人数超过 30 万。从 1969 年 7 月阿波罗 11 号首次成功登月到 1972 年 12 月最后一次阿波罗 17 号登月，共完成了 6 次月球登陆，有 12 名航天员登上了月球，在月球上的出舱活动一共是 80 小时 36 分。

　　2004 年，中国正式开展月球探测工程，并命名为"嫦娥工程"。嫦娥工程分为"无人月球探测""载人登月"和"建立月球基地"3 个阶段。玉兔二号月球车在月球上行驶了上千米；嫦娥五号探测器成功带回了 1731 克月球样本；嫦娥六号成功着陆月球背面，这是人类探测器首次完成月球背面采样壮举并成功带回了 1935.5 克月球样本。在 2030 年之前，中国也将开展载人登月工程，甚至在未来还要建立月球基地，进一步地开发月球资源。中国人的探月工程，为人类和平使用月球作出了新的贡献。

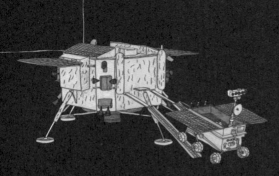

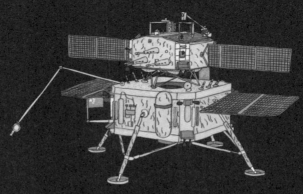

嫦娥四号

嫦娥四号于 2018 年 12 月 8 日发射升空，是中国探月工程二期发射的月球探测器，也是全世界第一个在月球背面软着陆并且实施勘察的探测器。它揭开了月球背面的神秘面纱。

嫦娥五号

嫦娥五号任务是中国探月工程三期的收官之作，实现了我国首次月球无人采样返回。

嫦娥五号探测器重 8.2 吨，由轨道器、着陆器、上升器、返回器 4 个部分组成，于 2020 年 11 月 24 日由长征五号火箭在我国文昌火箭发射中心发射升空，完成月壤采样后于 2020 年 12 月 17 日成功着陆地球。

中国科学家基于月球样品的检测，首次发现新矿物，并命名为"嫦娥石"。

月球种植

月球昼夜温差达 350℃，没有空气、液态水和有机物，只有数不尽的高能粒子和太阳风，这都是植物生长的阻碍。我国的科学家首次在月球上成功地培育植物发芽，这为未来月球常驻基地的建设提供了食物技术支持。

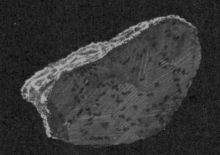

月岩

月岩是月球表面的岩石，由多种矿物构成，但不含液态水和有机物。不过月球表面存在着大量的氦-3，估算有上百万吨，是地球上氦-3 储量的 200 多万倍。这些氦-3 所能提供的能源可供人类使用 1 万多年。

火星探测器

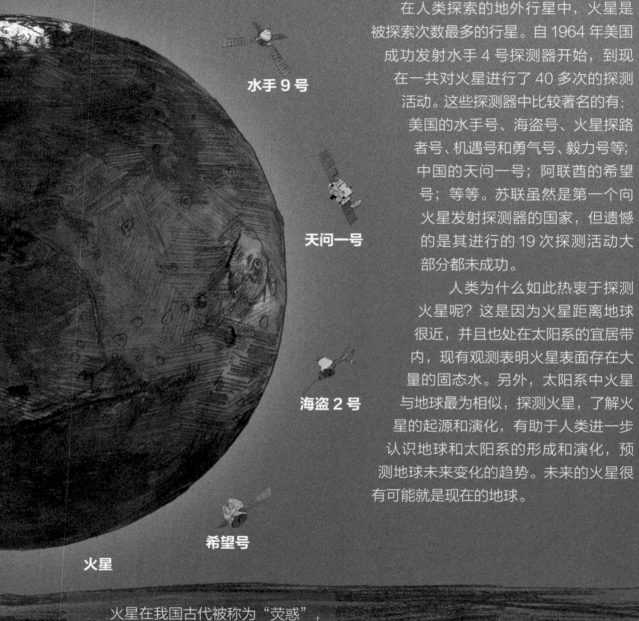

水手 9 号

天问一号

海盗 2 号

希望号

火星

在人类探索的地外行星中，火星是被探索次数最多的行星。自 1964 年美国成功发射水手 4 号探测器开始，到现在一共对火星进行了 40 多次的探测活动。这些探测器中比较著名的有：美国的水手号、海盗号、火星探路者号、机遇号和勇气号、毅力号等；中国的天问一号；阿联酋的希望号；等等。苏联虽然是第一个向火星发射探测器的国家，但遗憾的是其进行的 19 次探测活动大部分都未成功。

人类为什么如此热衷于探测火星呢？这是因为火星距离地球很近，并且也处在太阳系的宜居带内，现有观测表明火星表面存在大量的固态水。另外，太阳系中火星与地球最为相似，探测火星，了解火星的起源和演化，有助于人类进一步认识地球和太阳系的形成和演化，预测地球未来变化的趋势。未来的火星很有可能就是现在的地球。

火星在我国古代被称为"荧惑"，因其颜色赤红，古代的东西方均认为火星是灾祸的象征。

火星呈现红色是因为火星岩石中含有很多铁元素，岩石受到风化作用变成沙尘，铁元素被氧化成红色的氧化铁飘散在火星表面。

旅居者号

勇气号

火星上存在陨石坑、火山、峡谷、冰盖等地质现象。

奥林匹亚火山是太阳系内已知的最大、最高的火山。

水手号峡谷是火星最大的峡谷，也是太阳系内最大、最长的峡谷。

因为火星的地表温度大都在0℃以下，所以在火星地表看不到液态水的存在。和地球一样，火星两极都有厚厚的冰盖。并且新的探测研究发现，火星冰盖的地下可能有大型冰川，甚至液态湖泊的存在，这也表明火星地热活动比较活跃。水是生命之源，在未来，人类极有可能在火星上发现生命的痕迹。水的存在也为人类踏足火星提供了物质基础。

奥林匹亚火山

火星冰盖

灵巧号

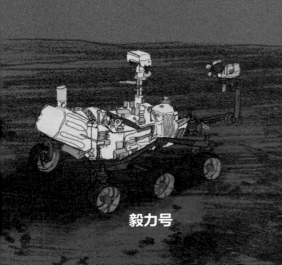

毅力号

祝融号

109

水星探测器

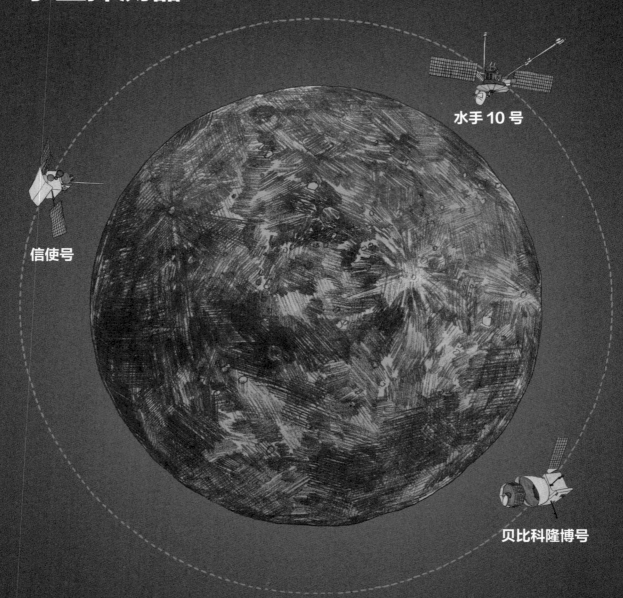

水手 10 号

信使号

贝比科隆博号

　　水星是距离太阳最近的行星，也是八大行星中体积最小、公转最快的行星。因为水星离太阳很近，并且大气层极为稀薄无法保存热量，白天时赤道地区的温度可达452℃，夜间可降至 -183℃，所以水星是太阳系中昼夜温差最大的行星。水星的表面很像月球，满布着环形山、大平原、盆地、辐射纹和断崖。水星的密度在太阳系行星中仅次于地球，科学家推测其核心占比较大，可达到体积的 42% 左右。

　　美国的水手 10 号、信使号，欧洲和日本联合研发的贝比科隆博号等探测器都成功地勘测了水星，获取了大量资料。信使号探测器在水星北极陨石坑中勘测到了水冰，证明

金星探测器

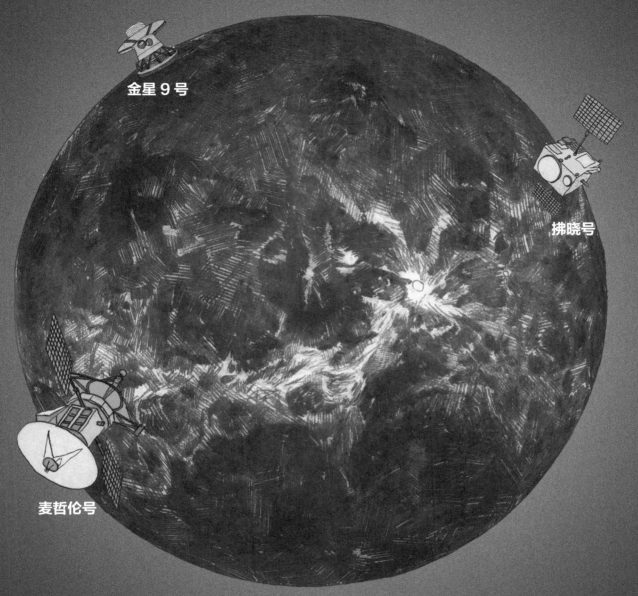

金星9号

拂晓号

麦哲伦号

　　人类对太阳系行星的探测首先是从金星开始的，苏联和美国从 20 世纪 60 年代起，就发射了金星探测器。迄今为止，对金星进行探测的探测器已经超过 40 个。其中包括美国的麦哲伦号、日本的拂晓号、苏联的金星 9 号等探测器，其中金星 9 号探测器成功着陆金星表面，拍下了有史以来第一张金星地表的照片。

　　金星在我国也被称为"启明星"，它在夜空中的亮度仅次于月球，是肉眼可见的第二亮的天体。金星有浓厚的大气层，其中超过 96% 都是二氧化碳，它的大气压力约是地球的 90 倍。金星的温室效应明显，其表面的平均温度高达 480℃，是太阳系中最热的行星。对金星大气的研究有助于人类解决地球由温室效应引发的全球变暖问题。

木星探测器

朱诺号

伽利略号

木星大红斑 ←- - - - - - - - -

　　木星上显著的特征是"大红斑"，大红斑位于木星南半球，是木星上最大的风暴气旋，长约 2.6 万千米，宽约 1.4 万千米，能卷起高达 8 千米的"云塔"。这个气旋中含有大量的红磷化物，所以呈深褐色。从远处望去，它就像木星的眼睛。

土星探测器

惠更斯号

　　惠更斯号探测器是 1997 年 10 月由卡西尼号飞船携带升空的，其目标是登陆土卫六进行探测。它在历时 7 年、长达约 35.4 亿千米的旅途后成功登陆土卫六，拍摄了照片，获得了宝贵数据。

土卫六

　　在土星数量众多的天然卫星中，土卫六是最大的一颗。惠更斯号探测器探测的数据显示土卫六非常潮湿，其表面有由液态甲烷组成的河流、湖泊，甚至海洋，并且会下甲烷雨。土卫六的地表还有大片沙丘，大气有厚厚的雾霭。有人相信土卫六上有某种形式的生命存在。

木卫二

木卫二是离木星第二近的天然卫星，其大小和月球相当。木卫二表面被冰层覆盖，有许多纵横交错的条纹，似乎是冰面的凹槽或裂缝。

如果木卫二内部有火山活动，那么其海底就有可能隐藏着温暖的热喷口，它会喷出热量和养料，原始生命在这样的环境中是可以生存的，也就是说在木卫二的海底，很有可能存在生命。

木星是太阳系中体积最大的行星，是地球体积的 1321 倍左右，质量是地球的 318 倍左右。木星是继月球和金星之后，肉眼可见的第三亮的天体。

木星是一个气态行星，没有固体的表面，伽利略号探测器释放子探测器后，便一直下坠，直到探测器失效也没有找到降落的陆地。另外，木星自转速度很快，是地球自转速度的 2 倍多，这使得木星表面被风暴覆盖，闪电不断，环境极其恶劣。

目前已发现木星的天然卫星有数十颗，其中有：布满火山的木卫一；拥有地下海洋的木卫二；太阳系中最大的天然卫星木卫三；等等。

早期飞掠木星的探测器有先驱者号和旅行者号各 2 艘，环绕木星探测的航天器有伽利略号和朱诺号。

木星

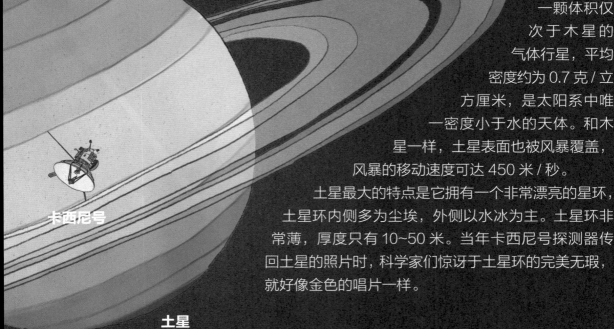

卡西尼号

土星

土星是一颗体积仅次于木星的气体行星，平均密度约为 0.7 克 / 立方厘米，是太阳系中唯一密度小于水的天体。和木星一样，土星表面也被风暴覆盖，风暴的移动速度可达 450 米 / 秒。

土星最大的特点是它拥有一个非常漂亮的星环，土星环内侧多为尘埃，外侧以水冰为主。土星环非常薄，厚度只有 10~50 米。当年卡西尼号探测器传回土星的照片时，科学家们惊讶于土星环的完美无瑕，就好像金色的唱片一样。

彗星探测器

彗星在我国神话传说中被称为"扫帚星"，其由冰和尘埃组成，就像一个"脏雪球"。彗星分为彗核、彗发、彗尾 3 个部分。彗核是由冰和尘埃颗粒混杂而成的球状体，因为彗星的体积相对较小，直径通常不超过 50 千米，所以很难被观察到。当接近太阳时，彗星冷冻的表面因升温、气体蒸发和微尘喷发，会形成巨大而明亮的"头"部，即彗发。由彗发延伸出的彗尾长度可达数千万千米。

美国星尘号探测器在人类历史上首次获取了彗星尘埃并带回了地球，其主要目的是研究怀尔德 2 号彗星的成分。另外，美国深空 1 号和欧洲罗塞塔号等探测器也成功进行了彗星探测任务。

星尘号

罗塞塔号

深空 1 号

小行星探测器

隼鸟 2 号

尼尔号

黎明号

小行星是太阳系内环绕太阳运动、体积和质量都很小的天体，绝大多数的小行星集中在火星与木星之间的小行星带内。小行星数量很多，目前人类已发现的小行星有数十万颗。

探测彗星和小行星可为人类研究太阳系形成早期提供依据。有一种学说认为地球上的水来自彗星和富含水的小行星。

据报道日本隼鸟 2 号探测器首次从小行星龙宫带回地球的沙粒样本中，发现了"生命之源"——氨基酸。

天王星、海王星探测器

天王星

天王星环--------

　　天王星的自转方向很特殊，其自转轴与公转平面的夹角很小，几乎是横躺着围绕太阳公转。天王星是太阳系中温度最低的气态行星，表面温度可低至 −224℃。天王星有一个暗淡的星环，主要由直径为米级的粒状物组成。它是继土星环之后，在太阳系内发现的第二个星环。

海王星与太阳之间的平均距离约为 45 亿千米，是地球与太阳之间距离的 30 倍左右。海王星是已知太阳系中离太阳最远的行星。海王星接收到太阳的光和热只有地球的19%，其表面覆盖着延绵几千千米厚的冰层。海王星外表围绕着浓密的大气，它也是一颗气态行星。海王星表面有着太阳系最为强烈的风暴，风速高达 2400 千米 / 时，这与表面平静的天王星形成了鲜明的对比。

旅行者 2 号探测器在海王星的南半球发现了一个大暗斑，类似木星的大红斑，大暗斑附近吹着速度达 300 米 / 秒的强烈风暴。

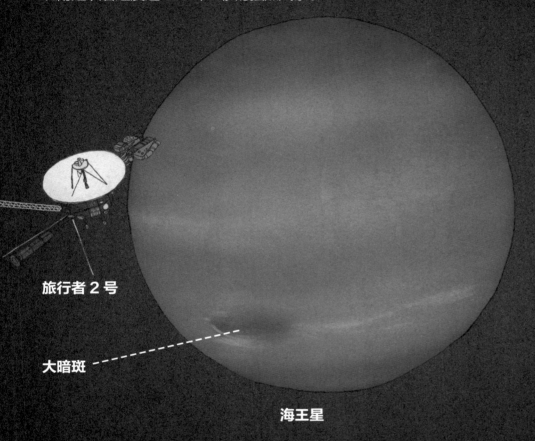

旅行者 2 号

大暗斑 -- -- --

海王星

相对于太阳系中的其他行星，由于天王星和海王星距离地球太过遥远，因此人类对它们的探测相对较少，目前也只有旅行者 2 号探测器飞掠过这两颗星球，进行了较为简单的探测。

飞向远方

木星

火星

金星

水星

太阳

月球

地球

天王星

小行星带

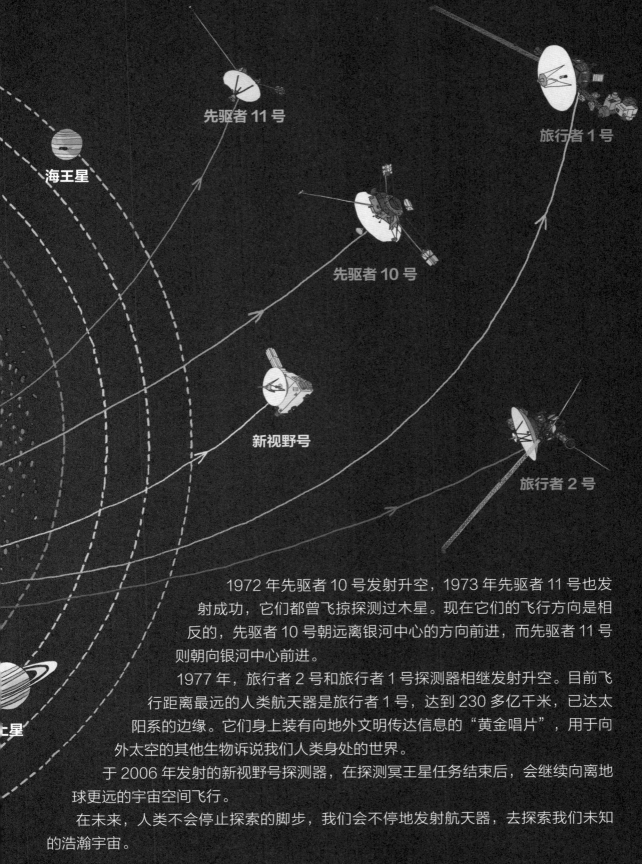

先驱者 11 号

旅行者 1 号

海王星

先驱者 10 号

新视野号

旅行者 2 号

土星

　　1972 年先驱者 10 号发射升空，1973 年先驱者 11 号也发射成功，它们都曾飞掠探测过木星。现在它们的飞行方向是相反的，先驱者 10 号朝远离银河中心的方向前进，而先驱者 11 号则朝向银河中心前进。

　　1977 年，旅行者 2 号和旅行者 1 号探测器相继发射升空。目前飞行距离最远的人类航天器是旅行者 1 号，达到 230 多亿千米，已达太阳系的边缘。它们身上装有向地外文明传达信息的"黄金唱片"，用于向外太空的其他生物诉说我们人类身处的世界。

　　于 2006 年发射的新视野号探测器，在探测冥王星任务结束后，会继续向离地球更远的宇宙空间飞行。

　　在未来，人类不会停止探索的脚步，我们会不停地发射航天器，去探索我们未知的浩瀚宇宙。

当我们抬头仰望星辰时，
星辰也在俯瞰着我们，
它们眨了眨眼，
说："我们在等你。"

航天历史时间线

航天员尤里·加加林乘坐东方1号宇宙飞船从拜科努尔航天发射场起航，这是人类首次进入太空。

1961 年 苏联

人类第一次出舱进行太空行走任务。

1965 年 苏联

世界上第一颗金星探测器金星1号发射升空。

1961 年 苏联

月球1号探测器飞越月球。

1959 年 苏联

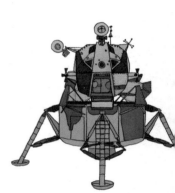

东方红一号人造卫星发射升空，中国是第五个发射卫星的国家，与日本只差两个月。

1970 年 中国

美国第一颗人造卫星探险者1号升空，绕地球运行。

1958 年 美国

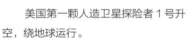

世界上第一颗人造卫星斯普特尼克1号发射升空，拉开了人类航天的序幕。

1957 年 苏联

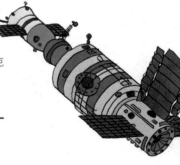

航天员艾伦·谢泼德乘坐自由 7
飞船遨游太空，这是美国第一次载
太空飞行。

61 年 美国

阿波罗 11 号发射升空，阿姆斯
朗和奥尔德林登上月球，在月球上
了人类第一个脚印。

69 年 美国

人类第一个空间站礼炮 1 号发射
。

71 年 苏联

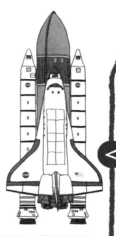

世界上第一架航天飞机哥伦比亚号
发射成功。

1981 年 美国

旅行者 2 号和旅行者 1 号相继升空，
执行水星、土星、海王星及深空探测任务。

1977 年 美国

金星 9 号登陆金星，拍摄了人类第
一张金星表面照片。

1975 年 苏联

先驱者 10 号发射升空，执行木星探
测任务。

1972 年 美国

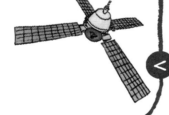

水手 9 号成为首个环绕火星的探
测器。

1971 年 美国

麦哲伦号探测器发射成功，执行金星探测任务。

1989 年 美国

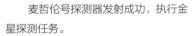

发射伽利略号探测器，探测木星和木星的天然卫星。

1989 年 美国

私人航天公司 SpaceX 的猎鹰号火箭成功实现芯一级软着陆，开创了火箭垂直回收的历史。

2015 年 美国

哈勃空间望远镜搭乘发现号航天飞机进入太空，开始观测宇宙。

1990 年 美国

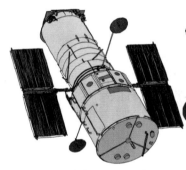

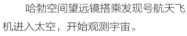

于 1996 年发射的火星探路者号着陆火星，它携带的旅居者号火星车，是人类送往火星的第一辆火星车。

1997 年 美国

于 1997 年发射的卡西尼－惠更斯号土星探测器首次抵达土星，开始环绕土星进行勘测。

2004 年 美国

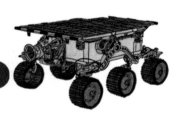

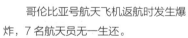

哥伦比亚号航天飞机返航时发生爆炸，7 名航天员无一生还。

2003 年 美国

全球首颗空间量子科学实验卫星墨子号发射升空。

016 年 中国

帕克太阳探测器发射成功，开启人类历史上首次"追逐"太阳的旅程。

2018 年 美国

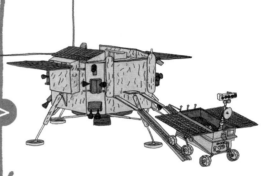

嫦娥四号探测器成功登陆月球，这是人类探测器首次造访月球背面。

2019 年 中国

信使号探测器发射成功，踏上探测水星之旅。

004 年 美国

天问一号成功发射，它携带祝融号火星车，开启了中国的火星探测之旅。

2020 年 中国

隼鸟 2 号探测器返回舱成功着陆地球，带回了小行星龙宫的沙粒样本。

2020 年 日本

神舟五号成功发射，航天员杨利成为浩瀚太空的第一位中国访客。

003 年 中国

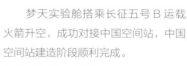

梦天实验舱搭乘长征五号 B 运载火箭升空，成功对接中国空间站，中国空间站建造阶段顺利完成。

2022 年 中国

航天功勋

康斯坦丁·齐奥尔科夫斯基（苏）
1857—1935 年
他是现代航天学和火箭理论的奠基人。他最先论证了利用火箭进行星际交通、制造卫星和近地轨道站的可能性，指出了发展宇航和制造火箭的合理途径，找到了火箭和液体火箭发动机结构等一系列重要工程技术的解决方案。

罗伯特·戈达德（美）
1882—1945 年
他是美国教授、工程师和发明家，液体火箭的发明者。他于 1926 年 3 月 16 日成功试飞了世界上第一枚液体火箭。

赫尔曼·奥伯特（德）
1894—1989 年
他是"欧洲火箭之父"，现代航天学的奠基人之一，研究防空火箭的第一人，是与齐奥尔科夫斯基和戈达德齐名的航天先驱。

埃斯诺－贝尔特利（法）
1881—1957 年
他是法国航空航天先驱，法国航天学会的创始人之一，他深入研究了航天器在月球表面着陆的理论，是世界著名的航天学理论奠基人之一。

西奥多·冯·卡门（美）
1881—1963 年
他是世界著名航空工程专家，力学家，美国航空航天事业创建人之一。他开创了数学和基础科学在航空航天和其他技术领域的应用，是 20 世纪伟大的航天工程学家，被誉为"航空航天时代"的科学奇才。

埃德温·鲍威尔·哈勃（美）

1889—1953 年
他是美国著名天文学家，星系天文学的奠基人，他建立了哈勃定律（被认为是宇宙膨胀的有力证据），被称为"星系天文学之父"。

谢尔盖·帕夫洛维奇·科罗廖夫（苏）
1907—1966 年
他是苏联宇航事业的伟大设计师与组织者，第一枚弹道导弹的设计者，第一颗人造卫星运载火箭的设计者，第一艘载人飞船的总设计师。

韦恩赫尔·冯·布劳恩（美）
1912—1977 年
他为 V-1、V-2 火箭的诞生，以及第一艘载人飞船登上月球作出了贡献，设计出了大名鼎鼎的土星 5 号火箭。

钱学森（中）
1911—2009 年
他是中国著名科学家，世界级火箭专家，"两弹一星功勋奖章"获得者。他师从西奥多·冯·卡门，在空气动力学领域成就卓越，是工程控制论的创始人，是中国导弹与航天科技事业的开创者和奠基人。钱学森被称为"中国航天之父"。

钱骥（中）
1917—1983 年
他是中国空间技术和空间物理专家，中国第一颗卫星东方红一号方案的总负责人。他是"两弹一星功勋奖章"获得者，是中国空间事业奠基人之一。

参考文献

[1] 刘进军 . 世界航天科普 · 突破卡门线：运载火箭 [M]. 北京：航空工业出版社，2012.

[2] 闻新 . 航天、人文与艺术 [M]. 北京：电子工业出版社，2018.

[3] 斯帕罗，朱迪思，麦克纳布 . 太空探索图鉴：从太阳系到深空 . 下册 [M]. 周武，付饶，王琴，译 . 北京：人民邮电出版社，2017.

[4] 张唯诚 . 出发吧，太空探测器 [M]. 北京：科学出版社，2016.

[5] 比佐尼 . 太空新疆界 [M]. 郭筱曦，译 . 北京：人民邮电出版社，2016.

[6] 安吉洛 . 太空先锋：卫星 [M]. 龙志超，王欢，译 . 上海：上海科学技术文献出版社，2009.

[7] 庞之浩 . 天宫明珠：航天器面面观 [M]. 北京：北京航空航天大学出版社，2003.

后记

自 1957 年世界上第一颗卫星斯普特尼克 1 号升空以来，人类的太空探索旅程走过了 60 多年，其间，人类共发射了超过 7000 颗卫星，建造了 6 个空间站，踏上过月球，探测了太阳系内所有的行星……人类所达成的航天成就数不胜数。

起初苏联的航天技术一路领先：第一颗卫星、第一次载人航天、第一次登陆地外行星（金星）、第一个空间站等。但 1966 年科罗廖夫的去世，给苏联的航天计划带来了沉重打击，苏联航天探索的脚步开始逐渐慢了下来。

到 1968 年，美国开始反超，这一年阿波罗 8 号载着 3 名航天员绕月飞行，接下来阿波罗 11 号成功实现载人登月，之后又进行过 5 次载人登月，人类的太空探索活动达到了高峰。1977 年旅行者号探测器发射升空，完成了首次飞行任务，1990 年哈勃空间望远镜开始观测宇宙，1996 年火星迎来第一辆火星车，1998 年开始建设国际空间站，等等。

进入 21 世纪，中国作为后起之秀在航天领域有了飞速的发展，天宫空间站、天问一号火星探测器、嫦娥探月工程、北斗导航系统、天链卫星、长征系列火箭等，一个个的航天成就令人瞩目。我们长远规划，稳扎稳打，持续发展。我相信在未来长征九号重型运载火箭、空间飞行器在轨服务与维护系统、天地一体化信息网络、下一代空间基础设施、火星和小行星取样返回、觅音计划——太阳系近邻宜居行星的太空探索计划等重大工程项目都将实现。

在《星际穿越》和《机器人总动员》等科幻电影中，很多以地球遭到破坏不适合生存、人类抛弃地球寻找下一个宜居星球为背景展开故事。这看似充满科幻且美好，实则非常残酷。庆幸的是这样残酷的现实目前不会发生。

地球，这个美丽富饶的蓝色星球是我们赖以生存的家园，是我们生命的摇篮。我们探索太空是为了更好地建设家园，而不是抛弃它。即便地球上不适合生存的戈壁滩、南极冰盖等地的环境再恶劣，也要比当前火星的环境强。

人类是地球母亲的孩子，也是她的卫士。我们生活在地球母亲的怀抱中，我们是伟大地球的一部分。美丽的地球，我们的家。